历史城镇逆向空间

——原理·方法·实践

袁犁　姚萍　著

中国建筑工业出版社

图书在版编目（CIP）数据

历史城镇逆向空间——原理·方法·实践 / 袁犁，姚萍著 . —北京：中国建筑工业出版社，2019.11
ISBN 978-7-112-24250-4

Ⅰ.①历… Ⅱ.①袁…②姚… Ⅲ.①古城 – 城市空间 – 空间规划 – 研究
Ⅳ.① TU984.11

中国版本图书馆 CIP 数据核字（2019）第 217784 号

责任编辑：石枫华 毋婷娴
责任校对：赵 菲

历史城镇逆向空间
——原理·方法·实践
袁犁 姚萍 著
*
中国建筑工业出版社出版、发行（北京海淀三里河路9号）
各地新华书店、建筑书店经销
北京雅盈中佳图文设计公司制版
北京建筑工业印刷厂印刷
*
开本：787×1092毫米 1/16 印张：$10\frac{1}{2}$ 字数：216千字
2019年10月第一版 2019年10月第一次印刷
定价：**69.00**元
ISBN 978-7-112-24250-4
（34760）

目　录

引　言

　　"历史文化是城市的灵魂，要像爱惜自己的生命一样保护好城市历史文化遗产。"

　　"要加强对城市的空间立体性、平面协调性、风貌整体性、文脉延续性等方面的规划和管控，留住城市特有的地域环境、文化特色、建筑风格等'基因'。"

　　"城镇建设，要实事求是确定城市定位，科学规划和务实行动，避免走弯路；要体现尊重自然、顺应自然、天人合一的理念，依托现有山水脉络等独特风光，让城市融入大自然，让居民望得见山、看得见水、记得住乡愁。"①

　　阮仪三教授说："城镇是历史文化的物质载体，是社会文明的集中体现，历史古城镇以其深厚的历史渊源，丰富的文化沉淀，多彩的物质遗存，生动地反映了社会发展的脉络。在我们祖国辽阔的疆域里，留存了众多的历史城镇，这是先人留给我们珍贵的历史文化遗产，保护好这些遗产是我们的神圣使命，而保护的第一步首先是要识宝，要认识它们的价值……通过传媒、教育、引导人们都来保护这些有可能遭到无知或无意识的破坏的历史城镇。"

　　在中国历史上空间环境十分优越的城镇有很多。它们所处的地域内的景观空间有着特殊的组构特征，其内外空间环境格局严谨，空间景观环境类型独特多样。它们从整体上讲究城内与城外的环境的深度融合以及人与空间的和谐，在造型上突出地反映其内外景观空间的架构有序、交融、连续，顺应"天人合一"的布局理念。景观空间的设计具有外环境影响内环境，外空间引申内空间，不断衍生物质和行为空间的逆向组合和生成序列。我们进行逆向景观空间形态及其生成的研究，有助于寻求历史城镇原生态空间的关系及其形成规律，帮助恢复古环境空间的多维性，探索历史时空的可持续性和天地人之间的和谐关系。

　　我们一直认为，城市所处的环境空间，也应该作为一种历史物质文化遗存。老子在《道德经》中对空间的作用做了精辟的解释："埏埴以为器，当其无，有器之用。凿户牖以为室，当其无，有室之用。是故有之以为利，无之以为用。"②从空间的意义上说，制作陶罐器皿之物，做成内空的器皿才具有器物的作用，建房的时候，有门窗围合而室中空，才有房屋的作用。我们似乎可以从中受到一种关于天地自然物质空间的"空""无"关系的启示：择栖以为境，当其无，有庐所之用，则万物生，人地天成。

---

① 习近平总书记在 2013 年 12 月 12 日至 13 日召开的中央城镇化工作会议提出。

② 见老子《道德经》第十一章。

山水地勿动，而择穴可移，山水地动，毁居可殁。这也反映出了古人对选择一处山清水秀，人杰地灵，"高勿近阜而水用足，低勿近水而沟防省①"的空间环境来适宜人的居住，对居住生活的优越性是何等的重视。否则，环境条件不稳定的多发灾害之地，则会居毁人亡。

所以，自古以来，空间的作用都被人们正确地作出了认识：大到环境，由山环水抱而围合的空间，作为一处山水宝地而居，定所犹现于真山真水之中；小到居所内庭空间，曲径通幽，鸟语花香，视为颐养闲庭。我国许多历史文化及传统古镇村落，基本上皆属于自然形成的小城镇，自然生长的空间形态是当地居民长期生活的行为方式和文化积淀的物质表现，反映了各物质要素的空间位置关系以及用地在空间上的布局特征，具有物质与精神的双重属性。它们的空间形态历经了较漫长的岁月变更，历经了较缓慢的变更过程，延续了各历史时期的空间形态特点，往往具有较高的一种空间文化品位。因此，在历史小城镇的建设和发展中应该高度重视保护传统格局，延续空间脉络。

城镇的平面布局是空间形态在平面上的投影，其结构特征是构成城镇特色的要素之一。中国许多历史古城镇格局历来受到两种城市形态思想的影响：一是《周礼·考工记》，布局追求规整、方正，围合城墙等级森严，路网呈方格网状，具轴线对称效果，道路交叉点设重要建筑等，往往形成一些规模较大的古城；二是《管子》，倡导自然的哲学理念，人类的居住环境顺应自然，在城镇建造中，人们可以充分利用环境条件达到理想的居住目的。因此一些受自然条件限制较大的传统城镇，因地制宜，顺应山形水势，随高就低、布局自由灵活，街巷曲折蜿蜒，形成独特的景观风貌，极富生活情趣。它们大多具有独特的街道空间结构，是展示小城镇文化积淀和居民传统生活的最佳场所，也是展示城镇风貌的重要廊道。历史古城镇的传统街道通常具有亲切宜人的空间尺度和环境氛围，强调街道对内、对外的造景和组景作用，如通过借景、对景、框景等手法形成丰富的空间景深和层次。因此我们应该尽可能的做好历史城镇的空间设计，保护这般和谐的尺度与景观空间[1]。

通过研究认为，这些历史古城镇的区位，不仅仅单纯地受到了传统风水环境的选址控制，他们往往在其城镇景观空间形态效果上也显现出一种对优美景观的因借和运用，异常明显地取舍了山水环境与城镇物质空间形态的最佳融合关系，充分展现了人与自然高度和谐，表现出空间层次分明，组合合理，内外环境交融，景观过渡连续的空间结构。他们认为，自己的居住环境，应该既是生活的空间，更是赏心悦目而促进人生之乐的享受空间。

---

① 《管子·乘马第五》：凡立国都，非於大山之下，必於广川之上；高毋近旱，而水用足；下毋近水，而沟防省；因天材，就地利，故城郭不必中规矩，道路不必中准绳。

第一章

历史城镇空间认知

1.1　历史城镇概述

在欧洲，普遍对历史性城镇特征的界定为："一般规模较小，完整地保留着某一时期的历史风貌，或者在中心地区保存有完整的历史地区，不管是作为建筑学意义上城市设计优秀遗产而保护，还是作为城市设计中的积极因素而保护，都以保持城镇的历史风貌，改善内部生活设施，适应现代化生活作为出发点。"

1987 年 10 月在华盛顿通过的《保护历史城镇与城区宪章》明确保护涉及"历史城区，不论大小，其中包括城市、城镇以及历史中心或居住区，也包括其自然的和人造的环境。"而且制定保护目标为"历史城镇和城区的特征以及表明这种特征的一切物质的和精神的组成部分"[①]。其中也提到了"城镇和城区与周围环境的关系，包括自然的和人工的"空间构成。

追根溯源，城市空间设计古已有之。古代的西方人一开始似乎都十分注重城镇的空间建设，无论城镇规模大小，它们都会突出一个集会中心以供人们交往，后来逐渐形成了西方古代城镇的一种设计模式，它对此后西方国家的城镇建设思路产生了极其深远的影响，直到美国在 20 世纪 40 年代率先明确提出了现代城市设计概念，并继后作了大量的理论研究和实践探索，从此促进了当今城市设计学科以及城市空间设计思想与方法的形成和发展。进入 21 世纪以来，西方一些发达国家，在城市空间设计与生态环境方面，不仅仅重视对一些小城镇的科学规划，更注视一个城市或者特色小城镇的城市设计，而且做得较为成功。他们从巴洛克式的城市设计中走出来，不断吸取东方自然山水格局的形态特征，回归自然，重视人居环境的塑造，甚至在创造特色小城镇方面走在了时代的前面。

凯文·林奇在《城市意象》一书中提出："城市如同建筑，是一种空间的结构。好的结构与有序的景观环境是行为、信仰与知识的组织者，是人们从空间中获取信息的基础条件。"[2] 这是国外学者 20 世纪 50 年代对城市空间结构的一种认识，即好的空间结构必须是人的一切行为活动在空间中能感受到有序的景观环境。

在我国，我们一般将历史性城镇称为"历史文化名城"。1982 年 2 月，"历史文化名城"的概念被正式提出，即指"保存文物特别丰富并且具有重大历史价值或者革命纪念意义的城市"[②]。其目的是为了保护那些曾经是古代政治、经济、文化中心或近代革命运动和重大历史事件发生地的重要城市及其文物古迹免受破坏。它可以包括"市""县"或"区"。

长期以来，我国对于城镇的空间形态以及空间环境的城市设计方面较为薄弱。尽

---

① 国际古迹遗址理事会第八届全体大会于 1987 年 10 月在华盛顿通过《保护历史城镇与城区宪章》。
②《中华人民共和国文物保护法》第十四条。

管一段时期小城镇的规划建设如火如荼，但由于大多沿用大中城市的规划设计手法，虽然小城镇的时代风貌有所改善，但千篇一律的缺陷和问题却日益突出。毕竟诸多的小城镇，因地域文化和地理环境空间的差异性，都有自身的环境空间和风貌特色。在快速发展的历史时期，如果对城镇的特性把握不好，不加以正确的引导，盲目照搬或套用同一种城市设计模式，对于我国小城镇的健康发展，特别是特色个性的塑造是十分不利的。特别值得一提的是，对一些历史城镇的空间保护及其设计，不能有半点失误，否则会造成不可挽回的损失。

从整体上看，现在一些发展初具规模的城镇，其综合形象、自然环境和人文景观资源等方面均缺乏特色构成效果。从个体上看，不少小城镇建设与空间改造由于缺乏整体的设计构思而陷入盲目之中，独特的自然环境和历史空间也正在逐渐被现代元素的千篇一律所吞噬和替代。在全球经济一体化和文化一体化的影响大背景下，外来文化的进入，不断地与我们的文化传统进行融合和更新，尽管创新造就了新的文化基因，但很多传统却受到了冲击。一些历史城镇在建设中不顾地域文化传统和历史背景，盲目追求所谓的现代观念，遗弃和"忘记"了自身的空间环境和空间特色，逐渐丧失了历史文化原有的生机。如一些典型的历史文化小城镇，现如今却被宽敞的马路、气派的现代建筑以及偌大的广场充斥着，而往日的河边廊棚涟涟、小桥流水、曲径小巷已荡然无存，留下了遗憾[3]。从微观设计来看，建筑环境空间与人的关系最为密切，但在城镇大兴土木之时只向自然索取，忽略回报自然，造成了居住环境变差，"热岛"现象加剧；建筑设计不讲文化，不求审美，或"标新立异"，或"一图多用"[4]；对城镇内的历史街区和传统建筑不加以科学地保护，逐渐被新的现代吞噬，个别现象真是令人痛心疾首；许多新仿建成的古镇风貌不伦不类，当地人们缺乏对自身历史和传统文化价值的认知，认为街道建设整齐一致就好看。殊不知，这种单调、类同的城镇建设却把地域传统和文化特色丢得一干二净。

中国古代城镇的空间建立，更多的是遵从和依赖于自然环境。特别是在山水观念的影响下，无论是都城还是村落，首先都强调山水环抱的自然大环境。有学者研究，历史时期开始聚落空间形态的形成与演进主要存在两种途径：一是"自然式"有机演进，主要体现在古村落和商贸城镇中；二是"计划式"理性演进，主要体现在都城、府城、县城等具有政治建制的城市。这两种演进方式形成的聚落在空间形态上具有明显的区别："自然式"聚落空间形态大多呈现不规则、自由、随意、有机等形态特征；"计划式"聚落空间形态呈现出规则、图式化、秩序感等形态特征[5](P55-60)。

城镇的整体空间应该是一种时间和空间的复合体，特别是历史城镇，经历了长期的演化，时空带给它们的应该是持续性的空间融合和留存。我们在以往对历史城镇的文化保护实践中，太片面地针对空间中的具体物质对象的详尽研究，而忽略了对其演化进程中的时间与空间交融机理的淘汰与更新特性。有学者指出"历史城镇物质空间的损毁实质源于功能衰退和文化瓦解"[6]。仅仅是维护与修补具体的物质空间，而根本不去深入地讨论历史空间的演化与发展，其结果都是徒劳的，反而丧失了对历史城镇空间最好的保护机会。如，一处数百年的城镇环境与建筑空间为何尚存？一处现代城镇中心突兀的历史建筑物还有何内涵和意境？杜甫"丞相祠堂何处寻，锦官城外柏森森"环境空间的意境该如何保存？思考当下，很多地区的确存在历史性物质空间的消失归结于功能衰退和文化瓦解的问题，留下一个历史物质的空壳外衣，丧失了本身的功能和文化内涵，也就是物质与其非物质性的脱离，基本就等于历史城镇空间价值的毁灭。

1.1.1 我国历史城镇的特性及分类

我国的历史城镇通常具有如下特性和表现[7]：

（1）经历较长时期的生活不断地延续与演绎，历史上遗留下来的古物、古迹与城市的发展史密切相关；

（2）具有历史传统特色的古街区、古建筑群、城镇地段，而且现代生活在这些地段依旧延续，使它们成为城市充满活力的有生命的有机组成部分，如民居、旧商街、古文化广场等。

（3）城市的遗存具有自身的特点，区别于其他的城市而具有明显的特殊意义。

阮仪三教授，曾经将我国的历史城镇所表现出的特色归纳为六个方面[8]（P60）：

（1）文物古迹的特色，主要表现在他们所代表的历史文化内容和形式上；

（2）自然环境的特色，主要表现在山、水、风景的特色风貌上；

（3）城市的格局特色，反映了某一个历史时期城镇规划的思想；

（4）城市的轮廓景观及主要建筑和绿化空间的特色，包括城镇主要入城方向及城镇制高点的景观特色以及有代表性的建筑物、建筑群等；

（5）建筑风格和城镇风貌的特色，由于地域环境，地方材料和民族情况的不同，建筑风格也不尽相同。如北方厚重，南方明快，高原粗犷，水乡秀丽；

（6）名城物质及精神方面的特色，包涵丰富多彩的文化艺术传统和特有的传统社会基础。

根据我国历史城镇演化发展及功能上的特点，一般分为以下七类①：

（1）古都类，以历史时期都城的历史遗迹遗址、古都的风貌为特点；

（2）传统风貌类，保留一个或多个历史时期积淀的有较完整建筑群的城镇；

（3）风景名胜类，由建筑与山水环境的叠加而显示出鲜明个性特征的城市；

---

① 资料来源：历史文化名城 _ 中国网 . http：//www.china.com.cn/zhuanti2005/whmc/node_7004001.htm

（4）地方及民族特色类，由地域特色或独自的个性特征、民族风情、地方文化构成城市风貌主体的城市；

（5）近现代史迹类，反映历史上某一事件或某个阶段的建筑物或建筑群为其显著特色的城市；

（6）特殊职能类，城市中的某种职能在历史上占有极突出的地位；

（7）一般史迹类，以分散在全城各处的文物古迹为历史传统体现主要方式的城市。

1.1.2　历史城镇空间的研究意义

面对当前我国在城镇建设中的一些不尊重历史文化内涵来片面地设计与更新城市空间的做法，以及放弃因地制宜地造就城镇空间形态与格局的认识，为避免城镇景观越来越单调、枯燥、乏味，城镇的传统特色丧失，我们拟通过对传统空间的分析研究，挖掘中国历史城镇有关古环境空间组合要素与空间布局的理念，走近历史时期的城镇环境空间及其与人类情感的融合关系。希望对相关的研究有所帮助和启发。

一座历史城镇特色景观形象的基础在于城镇空间的特色组合，这一空间组合应该具有多维性，由内外环境和物质空间、时间演化特性以及人的行为空间属性三者有机组合而形成。它们既有属于自身物质空间的序列组合，又有在时间长河中的历史文化积淀，还有人们在城镇演化过程中的行为渗透，形成一个天、地、人和谐组合的有机空间系统。对它进行空间组合与整合研究，有助于寻求历史城镇原生态空间的关系及其形成规律，全面认识历史城镇环境空间的多维性，对促进历史和现代城镇规划设计中的空间环境、时空与行为等几方面的可持续和谐空间的形成具有很大的现实和实际意义。

研究的意义还反映在城镇发展建设的内在需求上。世界上关于城市的空间理论与实际应用很多，但针对我国历史城镇的空间组合和实际应用，尤其是对于历史城镇的空间形态以及空间环境的关系研究却较为薄弱。正在规划设计的城镇大多沿用大中城市的理论和手法，更多地强调城市功能的满足和考虑，致使越来越多的城镇在规划建设中逐渐失去了特色。毕竟我国城镇分布广泛，而且大多历史悠久，地域差异明显，民族文化丰富，都有其自身的形象特色。需要利用和挖掘我国优秀的园林式城镇的设计理论在历史城镇与传统村落的一切正确的思想方法去引导。盲目照搬套用城市模式，对历史城镇的发展，特别是特色个性的塑造是十分不利的。

1.2　历史城镇空间的组合特征

1.2.1　历史城镇的传统空间演变

我国传统的居所物质空间经历了从简单到多元、从静态到动态的改变，人们的

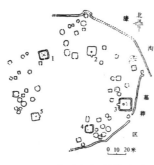

图1-1 临潼仰韶村落遗址

行为也从简单到复杂，从单一到复合。如同自然界的优胜劣汰法则，空间朝着人们需要的形式发展演化，某些功能削弱了，消逝了，而新的功能又不断融合进来，动态地表现为一种新的组织关系和空间形式。

在氏族公社时代，人类为抵御自然灾害和猛兽袭击，聚族而居形成原始的居民点。聚落布局中出现了中心空间，生活与行为活动也开始有了自己的空间特性，这便是最原始、最古老的城镇空间雏形（图1-1[9]）。

到了封建社会时期，较高等级的城市建设受传统礼制、等级制度、儒家思想、政治需要的影响，城市建设主要为统治阶级服务，所以都城的空间一般表现出内向、聚敛、严格的等级分化特征，这种自上而下发展起来的城市严格地遵守着一种规划建设的思想，即《周礼·考工记》中所记载的筑城方式。城市空间沿整齐划一的街道线性展开，分散在严格管制的市场和里坊内部，具有很强的内敛性，这与中国传统的文化理念和生活风俗相适应。

宋代是中国古代城市建设史上重要的转折点。街道两边逐渐出现了商店、酒馆、茶楼、瓦舍、勾栏等以休闲娱乐为主的公共建筑。住宅和商铺的外围空间与街巷空间交融一起，居民的日常生活扩展到街道，街巷空间成为当时空间特点。商业活动、人际交往、日常生活、节日庆典等功能活动混夹其间，街巷空间成为居民心理注重的重要组成部分。人的行为、活动与城市空间慢慢融为一体，不可分割，突破了空间和时间限制的社会生活呈现出复杂多样的发展特征。从此时起，街道逐渐发展成为一种具有中国传统特色的城市空间模式。此外，宋代逐渐兴起的春秋节令踏青登高的活动也开始促进城郊风景点的形成和发展，使城市外环境的园林空间供人游赏成为当时的一种生活风尚。

明清时期的城市空间结构主要沿袭了宋代形式，人文情怀逐渐浓厚。随着明末清初社会风气的逐渐开放，城市空间也不断扩张，开始出现具有广场特点的开放空间。在1901年2月23日的《纽约时报》上这样记录着晚清时期的美国人对中国内陆城市的感受："步行在用石板铺就的街道上，两旁店铺里的商品琳琅满目，满载货物的蒸汽轮船从拱桥下穿过。帕尔森赞叹道，这真是优雅的风景。①"城镇空间在近代中国的扩展，使国人的生活发生了较大的变化。

总的来说，传统的中国城镇空间是以街道空间为其主要形式的。人们通过商贸、饮食、娱乐交往，进行各种聚集活动，营造出了城市生活中平等相待、亲切和睦的交往氛围。除此之外，城市外环境也获得了不断的扩展和利用，从此形成了城市空间中

---

① 丁国强.街头文化——城市的公共空间.http://www.gmw.cn.

一个不可缺少的重要组成部分。现如今许多历史城镇史上有古代时期的"十景""八景"等文化胜迹留存，它们一般都位于故城郊外，山清水秀，景色秀丽。

如，据历史书籍中记载[10]，每逢春夏暖日，均见乡市士女出城去到风景点游玩，如每年三月上巳日（三月三），进行修禊事的传统民俗活动。此日官吏及百姓都来到水边嬉游，洗足饮酒，消灾祈福；又或每年正月初七日（人日、人节），如："乡市士女渡江南峨眉碛上，作鸡子卜击小鼓唱竹枝歌。"清李鼎元有《峨眉碛》诗云："仲春暖似夏初时，万县桐花开满枝。夜半山岈残月吐，一痕沙碛画娥眉。"①[11]

清万县知县陆玑登太白岩②有诗刻壁，文如下：

> 丙辰既望独游太白岩题壁
>
> 树梢高处露瑶宫，梯石层岩曲折通。
>
> 一道红阑新补景，春游宛在画屏中。

这便是对这一历史城市近郊景观空间的写照。从清代一些县志中可以看出，城池外环境的空间早已纳入城市空间的一部分，而且得到了很好的利用，成为人们晴日游玩赏景、祭祀祈福等景观空间，在这一外环境空间中，分布着似繁星点点的风景点，如寺观、泉池、山崖、洞穴、名人史迹、自然形胜等。

如日本京都府（平安京），其空间布局类似中国唐时期文化的古城，京都的都市区域坐落在被东、西和北方山脉围合之中。充分享有了由这些绿色山脉赋予的背景景色，在山坡腹地中的都市景观拥有很多的世界历史遗产，如古代的寺庙和神殿、风色优美的地点和历史遗址等。在京都城内东区一些主要街道节点和公共空间，都能对其周围的历史古建筑和山麓的古老神殿及寺庙进行景观视线的相互交换。从祇园新桥到八坂塔、产宁坂和清水寺一带的历史空间组合也具有一种外环境空间与内环境空间进行视线交流的空间特征。始建于公元八世纪前（公元795年）日本平安时代的清水寺更是其视觉焦点。在昭和44年（公元1969年），对于京都和奈良等古城都制订了相关的建筑高度与景观视线保护规定[12]。

1.2.2 历史城镇传统空间的文化基础

（1）阴阳学说文化

中国传统哲学中的阴阳学说表达了事物是相互依赖而生的辩证思维。阴和阳一黑

---

① 据清同治年间《万县志》记载，南山正对着旧县城的南门，县衙门坐北朝南，翠屏山恰似一面绿色屏墙对着县署，长江河段到了这里转流向东北。峨眉碛月，是古万州的八景之一。景观在南山脚下，水落时出现一弯大碛坝，形如娥眉，细石斑斑，极为可爱。

② 太白岩，位于古代万州城外西郊的西山。清代各时期的县志山曾有记载：崖之上曾是唐代诗人李白读书之处，后建有太白祠；山麓之下有宋代风景鲁池遗迹，现存有黄庭坚为称赞鲁池胜景的《西山碑》石刻于此。杜甫、白居易等古代名人皆于万州故城外的西山、南岸留下了很多石刻诗句。

一白，相互对立但又完美契合，你中有我，我中有你，此消彼长，生生不息，随时空运动而变化。阴和阳在永恒的运动中组成了一个完整的"空间"圆，涵盖万事万物。阴阳强调了事物的异质同构性，互异互成、相离相聚，体现了一种共生共存、互限互变的动态平衡关系。表达了每一事物都是各种元素相互交融、含混多义的空间。在阴阳学说的影响下，确立了东西南北中的空间方位及其属性。正是因为阴阳学说的方位属性，因此也影响了许多历史城镇的门楼取向与街巷走向的格局，特别是对外环境方位的依赖，也造就了历史城镇内外环境空间的共融而不可剥离空间序列和城外的景观留存。难怪有了历史城镇中"南山正对着故城的南门，县衙门坐北朝南，翠屏山（南山）恰似一面绿色屏墙正对着县署……"的历史记载。

（2）崇尚自然文化

中国人自古以来就崇尚自然并喜爱和亲近自然，以农为本而谋求生存和发展的务实思想带来的是对自然的顺应和崇拜，"山川自然之情，造化之妙，非人力所能为"，强调人是自然的一部分，人与自然应当和谐共处。在空间环境的整体处理、人文景观和自然景观的有机结合以及建筑组群布局等方面，都蕴涵着原始自然主义的意味。比如，中国古代的人们根据自然的天、地、山、川、水、土之气创造出一门堪舆学说，从城镇的选址和布局到具体某个空间的营造，皆离不开自然的因素。甚至在人们居住的建筑院落空间中也以"一勺代水，一拳代山"①的手法来创建自然山水，种植植物，堆砌山石而用于欣赏。深受"天人合一"影响的中国传统园林营造追求的也是一种"虽由人作，宛若天开"的近似自然的状态，其空间的意义和文化内涵已超越其本身的物质范畴，深化为人的精神空间。这充分体现了人们在日常生活及文化精神上的需求。

（3）注重意境文化

中国人历来注重人本内心对外界世界的感受，这源于含蓄内敛的民族性格、自省的为人方式和千百年来伦理文化的教化。中国人喜欢赋予事物拟人化的品格和内涵，如竹的高风亮节，烛的"蜡炬成灰泪始干"，在布置空间时更加注重意境的营造和体现。特别是在城市空间上，充分借鉴中国古典园林的高超技术和智慧，结合道儒释哲学思想及诗书画等文学艺术，城镇内的空间分隔随意灵活；开敞、通透、变化无穷；含蓄、曲折、情趣横生；城外的环境空间更是山水园林风韵连绵，形成了中国园林城市独特的空间氛围。而如今城镇空间的设计，除了给人们的活动提供物质条件以外，还应注重意境的传达和文化内涵的体现。只有通过心灵的创造活动产生出来的空间才耐人寻味，才可能成为有意义的空间。

---

① 是中国古代人们以咫尺之地来微缩自然山水在一园之中，以拳头般的石头寄托整座山的景观形象，以很小的水池比拟湖泊的风貌。是一种古代中国造园思想和艺术境界。

（4）行为生活文化

人在城市空间的行为生活，在允许的范围内呈现出丰富多彩的形式与气氛是一种不可抑制的、自内向外的生命力的迸发。特别是在远离政治中心的乡村聚落，不同于那些受到封建统治和城市格局限制而循规蹈矩的都城，它们的空间却是自下而上演化发展起来的传统城镇，更加自由地表现出自己丰富多彩的特质。其中主要表现有自觉性自发组织的，约定俗成的，或统治阶级要求的聚集活动，如固定的"赶场"市集，传统的宗教节日，集体的祭祀活动等，以及自发而随意的日常行为。传统社会的城市生活需求大多是个人的，但需求的共性使得空间自然成为一个公共交流的场所。如井台，取水、洗衣、洗菜等是必要性的行为活动，同时也表现出其交往的行为功能及其所需的空间，形成了由于人的行为活动而构成的一种人文化活动景观空间，也促进了物质空间的非物质文化属性的整合空间的衍生和复合。这也就决定了一种具有生命力的城镇空间的持续演化特质。

1.2.3 历史城镇空间的传统分类组合特征

有关城镇空间的分类方法，国内外许多学者提出了不同的研究思路。我们综合了在进行城镇物质空间分析研究中的空间分类，综合性地将传统意义上的城镇空间根据空间平面形态将其分为线性空间和点状空间[13]（表1-1）。

传统意义上的历史小城镇空间一般特性 表 1-1

空间特性	空间形态		特点	作用
线形空间	起点空间		形式自由	交通组织功能
	尽端空间		规模较小	空间秩序组织功能
	交叉口空间		功能多样	休闲交往功能
	凹凸空间			商业功能
	建构筑物形成的节点			内部功能的延伸
	檐廊	商业空间		
		交通空间		
		生活空间		
点状空间	庙前广场		形态的连续	宗教活动场所
	街道节点		丰富的空间层次	休闲交往功能
	公井空间		多功能性	满足生活需要
	桥空间			休憩、观景的功能
	院落空间			室内外空间的延伸、渗透

线性的街巷空间组合是传统城镇的主体框架，也是最具代表性的传统公共空间。庙会、集市、院落、公井等都是作为放大的点在线性空间组合中出现。由街巷空间将彼此连接起来，就像一条线串起若干个点。这些空间自然生长，散落在城镇各处，看似凌乱，其实构成了有机统一的整体，同时也有机地融合于整个城镇环境之中。

1. 线形空间

主要指自然生长、有机增长的街巷空间。它遵循生物有机体的自然生长原则，由若干个体经过多年的累积叠合而形成空间组合。一般功能合理、自给自足，组合形态虽不规则但却表现出对自然条件的良好适应性。在传统街道空间中，节点功能和形态复杂多样，一般可分为起始和尽端空间，凹、凸空间，交叉口空间，建（构）筑物形成的节点。

千百年来，人们的日常活动及交往首先是在街道上展开的，如饮食、采购、交友、娱乐等。这一点在宋代历史街巷空间逐渐发达的时期尤显其特点，如在《清明上河图》中得到了充分的体现。在城镇住民的观念认知中，街道或街坊都是自居院落空间的外延。街巷空间基本上属于传统空间的中心，是所有住民直接参与社会生活的场所，是融交通、商业、世俗生活为一体的多功能、多层次的空间。

传统的街道一般较窄，与建筑的高度保持了良好的比例关系，因此会产生一种舒适宜人的氛围。同时街道多是开合有致，张弛有度，线型蜿蜒，拐弯抹角又与小巷相连，看似随心所欲，但却显得极为生动有趣。相应的，临街的民居、店铺并不是沿一条线展开，而是有进有退，使得街道空间或开敞，或收缩，开闭有序。

（1）平面形态

中国历史小城镇的街道在空间形态上最本质的特征就是呈线性状态。线性体现了流动感和方向性。多线性的交叉组合会使得不同的城镇平面形态展现出不同的街市景观，带给人不同的感受。主要有直线形、折线形、曲线形和特殊线形。直线形的街道使人明确地感到一种理性的秩序感和韵律感；曲线形的街道从视觉效果上来看，微妙的曲折变化使得街道空间层次丰富，在运动方向上稳定的变化，产生一种不断变化的艺术效果，如行云流水般舒卷自然，在弯道上还可以产生一种向心感和聚集力，聚集人气和商气；折线形的街道一般在空间转折处，界面会适度退让，与曲线形的街道一样，不可预知的空间变化将产生生动的趣味。特殊线形最具代表性的莫过于罗城古镇的船街了。

（2）丰富的节点空间

传统街道空间的节点主要包括街巷的交叉路口或汇集处、空间界面的断缺处或转向处、街道中的局部放大空间等。相对于线性街道空间的流动性而言，"节点"即为点状的开放性停留空间，为停滞行为和功能转换提供空间支持。

　　传统街道空间的节点是依附于街巷而产生的。街巷对于节点像一条绳子将各个散落的珠子串起来，而节点对于街巷则像一个个搭扣将一段一段的绳子连起来。它们相互作用，共同构成一个有机的整体。各节点空间的分布可以根据地形条件以及街巷空间要求进行疏密有致的变化，使街巷空间呈现出既分断又连续统一的有序变化，增加了空间的层次。

　　在传统街道空间中，节点功能和形态复杂多样。可分为起始和尽端空间，凹与凸的空间，交叉口空间，建（构）筑物形成的节点（图1-2）。节点空间的丰富多样，为街道空间用途和功能的复合提供了可能性。

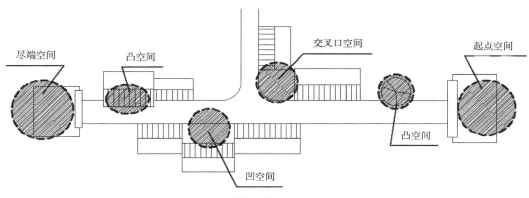

图1-2　街道空间上的各种节点

　　①起点空间

　　作为街巷的起始点标志着街巷空间序列的开始，必须给予突出和提示，为街巷内部秩序的确立创造良好条件，增强对人流的引导。

　　②尽端空间

　　主要街道的尽头，常有一个节点空间或建（构）筑物甚至一株古树作为结尾。两边店铺的热闹氛围消失了，却因为尽端空间的处理给人余音袅袅的感觉，还沉浸在美好的感受中。

　　③交叉口空间

　　交叉口有多种类型，一般是局部放大的空间，给街道带来抑扬、明暗、宽窄等生动有趣的变化，并结合周围的建筑和设施处理共同营造丰富的节点空间。

　　a.十字形交叉口：主要街道相交常形成十字交叉口，以保证交通流线和视线的通畅。常采用大型公共建筑或牌坊横跨街道中央，形成空间的控制点和视线的焦点。

　　b.丁字形交叉口：居住性巷道与主要街道相交常形成丁字交叉口。交叉口是巷道的终结，又引导巷道视线对主街进行框景。

　　c.Y字形交叉口：多出现于有机生长的城镇中，特点是在一定距离可以看到对面两侧立面，远距离观察，视线有一定封闭感，随着视距缩短，视野变宽。其空间视觉有通透感，景观效果丰富多变。

④凹凸空间

街道虽是线形空间，流行性较强，但传统街道却能使人停住脚步，开展除交通功能外的社会生活，其原因之一是因为在线形空间上有着错落有致的凹凸空间，形成了一个个供人们停驻的点。这些点就是依附于街巷形成的生活空间。传统街道的尺度宜人，人们对两边围合界面的感知比较强烈，界面的任何凹凸都会影响人们对街巷空间的感觉。凹凸空间常产生于街道两边的建筑、水井、古树等限定的空间变化。街道的凹进与凸出与两侧界面的细部一起使街道产生一种张力，使空间充满了生活的情境，从而打破了线形空间的单调感，又不会造成空间节奏的中断。

街道两侧建筑后退，或水井、古树限定的空间使街道形成凹空间，也即"阴角"。后退的尺度越大，空间感越强烈，让人们有一种豁然开朗之感。建筑或古树向前占据部分街道空间，形成凸空间，也即"阳角"。使街道空间收窄。收束视线的同时也引起人流方向的小小转折。

⑤建（构）筑物形成的节点

建（构）筑物本身作为一个节点，主要是将当地的史实传说和名人值得称颂的道德品行以建、构筑物的形式来表现和纪念，将长长的街道划分为几个段落，不再匀质和单调，从而使街道的节奏多变，景观层次丰富。同时这些建（构）筑物作为人们行进过程中的视线焦点，也增强了街道的方向感和可量度性。

2. 点状空间

所谓点状空间是指大型建筑前庭、桥头空间、公井空间、天井庭院、街道的节点等，因为建筑物退后而形成的较开阔的空间，这些节点空间与街道之间没有明确的空间限定，对街道连续的线性空间或扩充，或收缩，成为街道的一部分。保证了人们活动的连续性，丰富了人们的空间感受。

传统的点状空间常常因地制宜，依附人们的日常生活、宗教活动需要而自然产生，后结合交通、集市贸易、宗教活动的需要将空间扩展而形成。形状灵活自由，规模不大，却具有很好的生活气氛。边界模糊，多数开敞，视野开阔，往往与街巷空间相融合，成为居民日常活动和休闲的场所。

点状公共空间形式分为两类：一类依附于主体建筑形成的开敞空间。如宗祠、寺庙前的广场，起到衬托与之相邻的主体建筑庄重、威严的作用。这类广场大多安排庆典、祭祀或礼仪性的活动间，定期作为集市，举办庙会，又是人们的公共生活空间。另一类是依附于街道，由街巷空间的起点、终点或转折、相交形成的放大的节点，或由街道两边建筑退后形成的，在功能意义上是街道空间的延伸和强化，能承担交

通集散、商业贸易、休闲娱乐等多
种功能活动。

（1）庙前广场

传统的寺、观及庙堂广场最开
始是作为神圣肃穆的宗教活动场所
来使用，往往是远离人们日常生活
的精神领域的体现。后来随着社会
文化的发展和民俗生活的增加，特
别是被商业活动所渗透，庙前广场
定期举行赶场和庙会，供全城居民

图1-3　古镇庙前古戏台

进行贸易活动，有的还形成专门的市场。使得原本只是人们寻求精神寄托的宗教空间，
却演化为满足人们生活之需的商业空间和热闹的公众社交场所。虽然二者之间本有着
质的差别，却在空间上相互渗透与交错重合，和谐地融合在一起，成为城镇中最有活力、
最具魅力的公共空间，构成了中国传统城市特有的经济与文化现象。

由于融入了世俗生活，寺庙还常与戏台相对设置，将文化娱乐空间与宗教活动空
间在空间上互相连接，功能上互相融合，在举行庙会的时候共同构成一个祭祀的观演
空间（图1-3）。

（2）街道节点

街道空间中，转弯及扩大处有很多依附于街道而形成的生活空间。通过建筑的进
退、地形高差的变化，由台阶、大树、水井、座椅、围墙、照壁等构成了街巷中开阔
的空间，是最适宜人们日常休闲的场所。

（3）公井空间

公井空间在传统城镇的社会生活中担任着很重要的角色，它与街道空间有着密切
联系，或凹入街巷一侧，或镶嵌在街巷的转角处，是一种极具特色的多功能的公共空
间形式，人们劳作于此，交往于此。《史记·准书》注："古未有市，若朝聚井汲，便
将货物于井边货卖，故曰市井"，可见当时"井"还是人们日常聚集、买卖交易的场所。
在古代，公井空间除了满足人们取水用水的需要，还因水而成为传统街巷空间中重要
的交往场所。人们在井边一边劳作，一边交流（图1-4）。对主要取水的公井，还会结
合井台立碑、建照壁、围合等，加强公井空间的领域感，以特定的表征物赋予其相应
的文化内涵，形成了一个个具有特定功能和意义的空间。

（4）桥空间

桥有联系两岸的功能，也可作为街巷的起点、终点或者景物标志，更可以成为人
们认知环境的主要参照物。正是由于两种的物质功能和社会功能在此交融、汇集，桥

图1-4 劳作与交流
（引自：http://blog.sina.com.cn/widsetsmovie）

图1-5 桥空间——坐桥上休息的人
（引自：http://blog.sina.com.cn/tiantangdejiaoluo）

就显示出独特的意义。它发挥的作用远远不止用来跨越河流那么简单。它同时也是人们休憩、观景的场所。很多桥的两边都设有可以用作座位的石栏，供人们休息（图1-5），一些风雨桥则更具一种半室内的空间特征，是人们交往娱乐的场所。

（5）院落空间

传统建筑内部的院落空间与建筑空间虚实结合成为一个统一的有机整体，使室内外空间相互延伸、渗透。从空间形态上看，庭院空间四周均由墙体或房屋围合，是一个封闭的内向性空间。

1.2.4 历史城镇空间的多维整合

前面所讨论的小城镇传统空间组合特征的表现，主要反映了以下问题：

一是，对一般传统小城镇空间研究的切入点主要停留在一座城镇的内部空间和平面形态的表现上，采用平行的分类法将城镇空间划分为线形空间和点状空间，分类较单一且程式化，各类别之间分割独立，缺乏有机联系。不能完整地体现历史城镇丰富多彩的空间类型与序列组合。

二是，传统法的分类组合仅仅从城镇内部空间进行划分，忽视了城镇外环境空间的存在及其与城内空间的有机联系。在中国历史上的传统城镇，它们的外部环境形态往往决定其内部空间的格局，尤其反映在历史城镇规划建设的初期谋划阶段。古人习惯把玄学、儒学和周易的堪舆理念运用到城镇的选址、道路开合、水口进出方向、城门的建造方向的确定之中，有一套完备的"相地合宜，巧于因借"的城镇选址布局理念。我们在对历史城镇空间调研、解析和分析的过程中不可忽视与脱离城镇外空间环境的存在，否则就无法领悟历史城镇选址之妙以及空间布局之巧。

三是，传统法的分类组合过于侧重物质实体空间和平面空间的布局，没有将城镇在时间上的因素和人在空间的活动共融到空间分类体系之中。历史城镇千百年来处在不断的变化过程中，人在期间的活动从没有停止，城镇的空间演化也从不曾停歇。建筑形制的改进，建筑材料的更新，建筑的衰败直至坍塌，道路的增扩或改建，新的生活方式的兴起等，都会对城镇空间的演化形态产生一系列影响。

因此，我们应该从一座城镇整体空间格局和架构上，寻找更能反映历史城镇本源的整合空间特性。

1. 历史城镇的整体空间

我们从城镇空间与城市空间的差异入手，针对现代城镇空间建设存在的问题，找到历史城镇空间整合设计的迫切需要，由此引发我们的深入思考。我们重点研究城镇的环境空间及其构成属性，根据我国历史城镇的空间建立和发展演化特点，挖掘传统城镇空间的构建理念和方法，特别是探讨保护历史城镇以及现代小城镇建设中所容易忽略的城镇内外环境空间及其空间演化和空间行为等属性，注重城镇整体环境空间演变过程中的动态因素影响以及天、地、人和谐的持续理念，同时深入地研究它们的内在联系，以利塑造城镇整体空间的文化特质和个性。

我们认为城镇的整体空间是一个不断发展演变的有机体，在不同的历史发展时期和地域文化背景下，呈现不同的空间发展形态。我们不断运用调查、归纳、分析、提出、运用的方法，在厘清一些历史传统城镇空间结构演变的脉络和不同发展阶段的承接关系之基础上，通过文化、地理、环境、民族类型等小城镇进行分类和特征研究，提出空间整合设计方法。其后，选择并类比出具代表性的小城镇，对它们的空间形象特征进行景观空间形态的具体研究，利用历史城镇空间形态的构建元素，从内外环境空间出发，进行全方位及各层面上的整合设计。

我们研究认为，历史城镇的形态空间具有方向、时间和行为等多维属性。因此，我们不能仅仅只依赖对物质空间的研究。特别对于历史城镇的保护，更不能仅仅保护和修复所谓的物质空间。中国的历史城镇历来都是具有丰厚积淀历史文化和人与自然和谐二者不可分割的统一体，这一点与西方国家的城镇建设理念截然不同，也是中国道儒文化强调自然与人文理念的形式显现，具有世界上不可替代的地位。因此，那些随意引用国外现代城市研究理论来分析中国悠久历史文化城镇的空间形态和组成是不合时宜的。在当下，存在很多历史文化古镇盲目修复与仿制的现象，尽管冠名以历史名城或历史名镇，但其历史空间持续发展方面却严重违背了中华文化古环境空间的格局和构架。而在保护上也只是体现某一古建筑实体或原始遗留的某些物质空间，利用其演绎现代人的行为活动为主，使得保护成为一句空话。因此，我们认为的保护应该是全方位的，也即物质空间及其非物质性需相融合的人文化、行为文化以及这些文化场滋养的和谐空间，都应该作为物质文化加以保护发展。

2. 历史城镇的整合空间特性及构成

历史城镇空间的内涵应该包括物质空间及其形态的构成表现，具有空间演变的时间属性、空间中的行为属性及其它们共同的空间整合特性（图1-6）。

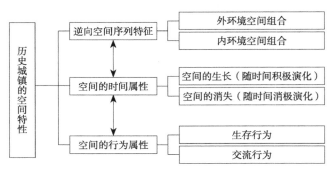

图1-6　历史城镇的空间特性

关于空间的多维属性，布鲁诺·塞维在他的名著《建筑空间论》中强调了人的因素和时间的因素[14]。塞维认为，建筑的艺术并不在于其形成的长、宽、高的空间结构总和，而在于建筑内部"空"的那部分，在于被围合起来供人们生活和活动的空间。这与《老子》里的"凿户牖以为室，当其无，有室之用，故有之以为利，无之以为用[①]"如出一辙。中国的老子用人们居住的屋子作比喻，意思是说一间屋子，开门窗，建四壁，只有围合形成中间空的部分，才具备了一间屋子有用的功能。这无疑也验证了中国数千年以来，早就将人们居所空间的用途及其有效的利用考虑在内。所不同的是，中国古人关于空间美学的智慧，不仅仅是针对建筑物的内部空间，更是将眼光放眼到人类居住的外部环境和内部环境的充分整合，全方位地进行城镇的整体空间布局和设计。他们自古以来认为，将外部的天、地、山、水、林等自然环境空间，以及城镇内部的街、房、院、墙、门、窗等居住空间联系起来，再将人的行为和一切活动植入其中，整合到一起，才能构成一幅美妙的天、地、人、和完整的城镇空间场景。

其实，对空间认识的实质，无论是环境空间，还是室内空间，都应该认为是依据人的认知以及所展开的对物质实体的认识活动。在这一点上，中国历史上塑造了很多随历史时空传承至今的城池和村落，它们充满了空间与人，自然与人更为协调和互动的一种风貌形态：自然集市的行为交换；河畔榕树下的闲聊对谈；院落场地中的饮茶聊侃；劳作中的笑语欢歌……，使得城镇中的每一处缝隙空间，无不充满了

① 老子《道德经》第十一章。

人的行为存在与活动随着空间与时间的相互交融而演化。我们认为城市空间形态元素的建构，应该包括动、静空间二者整合的属性，特别是在现今强调以人为本，注重人的行为心理的各类空间设计中，更应该重视动态空间形态的研究，如"时间（文化传统与历史文脉传承的动态演化）"空间元素以及以人为本与自然协调的"行为属性"非物质元素。

如今，我们认为，人们对城市空间的认识不应该仅仅局限在物质空间，而应该将城市空间的认识逐渐延伸到非物质与物质空间的关系上来。一个尚好的城市中的"空间作品"能让人产生无限的遐想和精神满足，这种臆想或联想是不受空间和时间限制的。我们把这种认知可以分作客观的空间意识和主观的空间意识。客观空间是指我们的空间"作品"本身及其所限定的空间环境，即物质空间，这样的一种空间形态是作者创造出的而且客观存在的物质形态，它有一定的体积，需要占据空间；而主观空间即为一种非物质的空间属性，是一个假想的空间，它是附于客观空间形态而存在，我们也可以理解为它是充满客观空间的，只起到一个影响"作品"与使用者关系的互动作用。例如，当人进入到一间四周涂满红色的房间内，心理上会感受到一种兴奋、热烈或躁动，这种感受便是一种主观意识的反应；倘若他在房屋空间里面进行活动和生活，那么他的活动行为也就似一种隐形物质充满着房屋的空间而存在，这就是附于这一房屋物质空间的非物质属性的表现。

华格纳说，"人要成为自身，必须有某个限定的地方，于适当时间做某些确实的事。[15]"这句话充分说明了时间、空间和人的活动的不可分离性。不同的时间和空间的交融作用和发生在这一空间中的活动也会发生很大的变换。因此我们研究城市空间或建筑空间，不可能离开时间的约束和限定。因此，在空间的概念中，时间的意义与空间是不可分割的整体。我们可以换个角度来理解，历史上曾经的城镇空间或建筑空间，各有其自身存在的条件和理由，在时间演变千百年后的今天，本应依附于外环境而存在的街巷空间，或依附于物质空间共存的非物质属性，也许已不复存在，那它就只能剩下一个没有灵魂的躯壳形态（或物件）。那这种脱离了历史空间环境或失去了物质空间中的非物质属性的一系列行为和交流活动，就变得毫无意义或失去真正意义上的空间研究价值，就成了一座离开了环境空间和活动空间的"古董建筑"（图1-7）。因此，在当今的一些历史城镇保护规划或城市更新中，一定要避免那种千篇一律、千城一面的规划设计手法；扬弃教条效仿、盲目崇洋的规划设计心理。特别是面对我们这样一个具有悠久历史文化的国家，更应该深入地保护和挖掘丰富的历史文化，除了保护好历史城市珍贵的建筑文物，更应该保护好曾经因环境才有这些建筑物或街道并存的历史空间。一座历史文化悠久的城市，它们形成的空间机理，都有着与城市内外环境割舍不开的内涵关系和密切联系。

（a）丢失了历史环境空间的牌坊建筑　　　　（b）依然置身于历史环境空间中的牌坊建筑

图1-7　建筑空间与环境空间的脱离与并存

3. 历史城镇的逆向空间组合 [①]

逆向空间的概念及其序列组合，是由学者提出的有关研究历史城镇环境空间序列组合及其设计的一种方法，也是历史城镇中的内环境空间与城镇外环境空间共同整合的一种城市景观空间组合形式。

逆向空间的基本原理，首先强调，依附于外部环境景观空间，来限定和影响内部景观空间构成，从而形成城镇内外景观空间和谐延续的序列组合的空间形式。它具有一种中国传统景观意识下的城镇空间的有序组合特征，强调天、地、人和谐交融，无疑与中国数千年城池、村落选址文化有着必然联系。不仅如此，它还超越了一般选择山水城址的理念，其内部空间的转折、阻滞、交汇等形式多变，房与街、街与人之间尺度宜人，并被更多地融入了人的行为和情感，共同组合成丰富的城镇空间环境。

在中国古代，城镇功能相对简单，更多的城镇民间文化和传统工艺、简单的生活形式影响着城镇的发展。而且，城镇建设特别依赖自然环境条件，这就促使了城镇的形成与空间演化，明显反映了与自然的和谐关系。但不得不承认，古代人们在城镇建设中对自然环境的尊重和合理地利用外环境景观有其独特的设计思想，至今令人赞叹和钦佩。经研究发现，大多的历史文化传统城镇空间的形成，同时依赖于自然因素和人为因素的有机融合，利用自然空间与生活空间的巧妙融合来逐渐"生长"完成自身的空间结构。它们首先"靠"外部环境，巧"借"优美的自然景观资源和优越的自然地域生存环境，形成独特的外环境空间格局；其次则依赖外空间环境，在城池内部立足内与外的借景与对景的关系，逐步"生长"内部的生活空间、交往和行为等内部空间单元，最终完成自身特有的宜人空间尺度和格局。整个城镇空间生长过程遵循由外

---

① 袁犁，姚萍．历史文化城镇逆向空间序列特征研究及其意义 [J].2007 年第二届"21 世纪城市发展"国际会议论文集 .2007.11，P342-346.

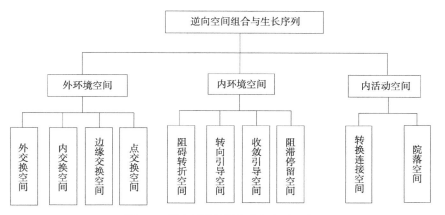

图1-8 历史城镇的逆向空间序列组合

部空间影响内部空间，由表及里的景观空间生长组合关系及秩序（图1-8）。它并非重点考虑城池的功能空间来进行城镇空间设计，而是首先依赖外环境及其景观等自然条件的客观存在，来布局和改造城镇空间网络架构，从而构建人与自然和谐，人们生活、劳动便利、山水格局优美的环境空间。应该说这是一种特定条件下和历史时期的设计思想，尽管它多有农耕文化的印迹和时代的需要，城镇功能单一，无需更多地考虑空间布局，然而它却具有重视山水环境可持续发展的特征和意义，值得现代城镇空间规划设计，特别是在历史城镇的改造和建设中进行借鉴和运用。

我们把这种依赖外部自然景观的存在，并在城镇选址和内部空间构架过程中，对自然景观和人文景观加以充分利用并综合运用的传统设计手段称之为"逆向空间组合分析"。

第二章

逆向空间设计原理

随着城镇的建设发展和新时期规划的深入实施，如今许多的历史城镇（古镇）发展规模越来越大，它们中的一部分已经打造成为主流的旅游观光产业，甚至开发建设了一些仿古建筑的新街区。通过调查发现，单纯为发展旅游而立足保护古镇附近所新建的仿古新街区的规划建设，并没能够很好地遵循历史城镇空间特性的继承和演变规律，以至于过分地追求现代城镇空间的格局，破坏了历史城镇景观空间的可持续性发展，失去了建筑与人、环境与人的和谐和美好。许多历史城镇的改造建设，因为在规划开发之前，没能很好地研究古城镇历史空间的演化及其空间组合原理和关系，最后造成了新旧环境空间互不关顾，各自为政、形断意失的不和谐空间格局，从而失去了历史城镇本身真正的那山、那水、那情的环境空间韵味。这种我国悠久历史留给我们的古城镇空间文化及其组合规律，我们总结为"逆向景观空间及其序列组合"。

2.1　历史城镇逆向空间的含义

2.1.1　逆向空间概念

历史城镇或传统村落空间组合的形成过程，遵循"天人合一"，顺应自然以及合理布局的原则，表现人与自然协调一致的空间布局形式；以优先选择优越的地理环境，充分考虑人与自然之间最佳和谐关系，注重人的行为心理和情感交流为基础；其外部地理环境空间与城镇内部环境空间及生存空间的关系构成，表现出一种"由外到内""由表及里"的形成秩序和发展规律；以优越的自然环境和景观格局来确定城镇或村落整体空间架构的网络格局的形成，从而保持历史城镇的空间层次和空间序列可持续地演化和发展。相对于城市空间"由内向外"的"功能"发展思想，是一种重视"景观"发展的逆向思维过程，也是一种对城市空间设计的反向思维方式和方法。

我们研究认为，中国历史城镇的空间构成，首先是依附于外部环境景观空间，来限定和影响内部景观空间构成，从而形成城镇内外景观空间延续和谐的组合与序列的空间形式。它具有一种中国传统景观意识下的城镇空间的有序组合特征，强调天、地、人、情和谐交融，无疑与中国数千年城池、村落选址文化有着必然联系。不仅如此，它还超越了一般选择山水城址的理念，其内部空间的转折、阻滞、交汇等形式多变，房与街、街与人之间的尺度宜人，并被更多地融入了人的行为和感受，共同组合而成十分丰富的空间环境。

2.1.2　逆向空间的定义与释义

1. 定义

逆向空间（CLSS[①]），是我们在 2007 年提出的针对历史城镇环境空间组合的概念和设计理念，主要开展对历史古城镇（传统村落）的内外空间结构及其构成进行研究[16]。我们认为：历史上的一些城镇空间的形成，首先依附于外部的环境空间，来限定和影响内部景观空间的构成，从而形成城镇内、外空间连续和谐的序列组合的景观空间形式。它具有一种中国传统景观意识下的城镇空间的有序组合特征，强调天、地、人、情和谐交融，无疑与中国数千年城池、村落选址文化有着必然联系。不仅如此，它还超越了一般选择山水城址的理念，其内部空间的转折、阻滞、交汇等形式多变，屋与街、街与人之间的尺度宜人，并被更多地融入了人的行为和感受，共同组成十分丰富的城镇空间环境。因此，我们将这种景观空间从外到内，由表及里，空间构建过程巧于因借的城镇景观空间格局，称为"逆向空间"（或称"逆向景观空间"[②]）；其利用城内外景观联系构建的不同空间形态集合称之为"逆向（景观）空间组合"；所有序地展示其空间层次称之为"逆向（景观）空间序列"；依赖自然环境来决定城镇空间生长序列和规律称之为"逆向（景观）空间生长模式"。

逆向空间——是一种中国山水理念影响下的历史城镇景观空间组合的设计理念和方法。主要针对历史文化古城镇的城市景观空间环境进行研究。依照逆向空间原理，一座城池的形成，首先依附于外部环境景观空间的存在，且限定和影响内部景观空间的构成，从而形成城镇内外景观空间延伸及其空间组合，具有一种中国传统城镇空间的有序组合特征，强调天、地、人、情和谐交融，自然环境与人及人造物体之间必须有一种宜人的关系。无疑与中国数千年城池、村落选址文化有着必然联系。其内部空间的转折、阻滞、交汇等形式多变，宅与巷、巷与人之间的尺度宜人，更多地融入了人的行为和感受，共同组合成丰富的空间环境。

逆向空间景观由表及里，空间构架巧于因借。充分利用城内外景观联系构建不同空间形态集合，展示空间层次，依赖自然环境来确定城镇环境空间生长序列和规律。

2. 释义

（1）逆向（分析）

系指一种不可逆的景观空间序列的指向，以现在仍留存的历史城镇空间架构格局为基点，从反向的角度去解析历史上的城镇空间所形成的不同的空间层次以及不同历史时期的空间形态；也是针对历史城镇空间采取逆推式的分析方法和思路。比如，研

① 为"Contrary Landscape Space Sequence"缩写。
② 注：本书概称"逆向空间"。

究现仍留存的古城市（区）格局，采取反向解析并演绎这一复杂空间架构的堆积与形成的过程，寻求其古代空间的优选设计思想。"逆向"一是指设计和建设的不可逆性；二是景观空间生长演化及合理发展的不可逆性；三是指随时间概念上的时空演进不可逆性。

（2）逆向空间

是指对历史城镇内、外环境空间所构成的整体空间，被赋予先后的构建顺序和秩序，而且空间的构建和形成，是根据外环境景观空间的存在，由表及里、由外向内而形成城镇空间格局的相反过程，它有异于现代城市空间形成与发展，称为"逆向空间"。

（3）逆向空间序列组合

系指城镇空间形态的形成历史与逐渐完善的空间架构，及其不同层次和演化顺序之间的组合规律。利用城内外景观联系构建的不同空间形态集合称之为逆向空间组合；展示不同组合的空间层次称为逆向空间序列。逆向空间序列组合是一种景观空间生长层次和序列形式的表现。我们把这种依赖外部自然景观的存在，并在城镇选址和内部空间构架过程中，对自然景观和人文景观加以充分利用并综合运用的传统设计手法称之为逆向空间组合设计。

（4）空间生长模式

依赖自然环境来确立城镇空间的形成演化，其生长的序列和规律称为逆向空间生长模式。

（5）逆向空间生长

逆向空间组合充分反映了空间中环境景观元素的有序性和景观视线、视廊、视域的连续性。城镇空间在历史时空演化中，其内、外环境景观空间的结构有效延续，称为逆向空间生长。所谓历史城镇内外环境空间的逆向生长，是指历史文化城镇、传统古镇或古街区的景观空间的形成，是一种以外环境来影响城镇内景观空间形成的空间生长过程，它相对于现代城镇规划设计注重功能为主，而"见缝插绿"的景观环境设计为辅的思维过程相反。因此，逆向空间的生长序列，既是一种在城镇空间形成上的传统的思维方法，也是一种对城镇空间进行有效设计的传统手段。

（6）逆向空间消失

在历史演化过程中，其城镇的环境景观空间序列和空间结构遭受破坏或不端地被改造，违背了空间序列组合规律，称为逆向空间消失。

（7）逆向空间多维属性

逆向空间的多维特性包括物质空间特性、时间属性和行为属性。在居住空间中发生的人的行为活动，便是整个空间得以丰富的实质内容。无论物质空间实体建设，还是时间演进对物质空间的调整变化，都是围绕人的行为活动为主导且不断满足人的活动需要为前提展开。物质空间特性表现为扩张性、聚合性、规则性；空间的时间属性表现为顺应性、持续性、不可逆性；空间的行为属性表现为多样性、渗透性、发展性和发散性。

2.2 历史城镇逆向空间研究特点及其意义

对历史城镇完整空间的构成及其演变进行研究，特别是延伸到这些城镇空间演变中的时间特性和行为活动特性，以及它们对物质空间的交叉影响，对具有千百年历史的城镇，特别是一些传统小城镇和传统村落开展研究，其意义尤为重大。其实，空间从来就不是一个单纯简单的概念，大到浩瀚的环宇，小到眼前的物盅，再到物质的最小单位，无不空间的存在。古人有云，世界"其大无外，其小无内"[①]就充分说明了人类很早开始就认知了空间范围的存在，而且任一空间中还包含有物质的存在、时间的存在以及活动的存在，人们在城市空间中的居住和生活也不例外。因此，物质空间、时光演进和行为活动也构成了逆向景观空间研究中的重要内容。

2.2.1 逆向空间的研究特点

1. 逆向空间的研究属性
（1）为一种城镇景观空间可持续发展的保护方法；
（2）为一种城镇空间设计的理念；
（3）为一种城镇空间组合构建形式；
（4）为一种城镇空间划分及其分类方法；
（5）为一种城镇景观空间创建与设计手段；
（6）为一种城镇空间演化分析方法。

2. 逆向空间研究的主要观点
（1）自然景观环境影响与制约人为空间的创造；
（2）先外环境空间景观元素的存在，后城镇内空间构架符号的生成；
（3）充分体现天人合一的空间设计思想，促进城镇空间顺应自然演化发展；
（4）有利地体现城镇内外自然景观魅力，创造自然轻松和谐的美好生存空间；
（5）对城镇内外空间的自然景观保护利用优于城市功能建设；
（6）城镇空间架构及其序列组合的形成具有秩序关系和不可逆性。

---

① 出自《吕氏春秋·下贤》，有说出自诸子之列《八筹》，意指宇宙无限空间的存在。

3. 逆向空间的研究特点

（1）从历史城镇大环境空间入手，将城镇外围环境空间纳入到空间分类体系中进行规划设计。根据逆向空间设计原理，将历史城镇的空间划分为三个层次的空间体系：即外环境空间、内环境空间和内生活空间。

（2）逆向空间研究注重各层次空间组合的有机整合，对历史城镇空间的解析和划分采用多层面、多维度的考虑。将人在城镇空间中发生的行为活动作为对应的空间属性依据，由此划分出各类物质空间，以及交换空间、转折空间、引导空间、停留空间、连接空间和院落空间，反过来，空间对人在其中的活动的引导也体现在空间划分之中。

（3）逆向空间对小城镇空间的划分体现了中国传统的城市规划思想，是一种全新的小城镇空间划分手段。

4. 逆向空间的设计思考

基于现代城镇设计中以人为主动而自然为被动的不良思维的反观点空间设计理念，其实质是逆现代人本，顺道法自然的一种设计理念。大多数的历史城镇空间的形成，均符合"天人合一"，顺应自然，合理布局的原则，充分体现人与自然协调的空间网络布局。其地理环境空间与生存空间，遵循由外向内的演化规律，以自然环境山水景观确定城镇环境空间的网络格局及其空间层次的延续演化序列。其环境空间层次和序列的历史演化，与如今"先功能，后环境"的空间设计顺序呈逆向思维。

因此，逆向空间生长序列，是以现存历史文化、传统古镇空间为研究对象，去推演古环境空间构建序列的研究方法。它表现出传统城镇空间的形成更多的也是主要的依赖自然环境和自然景观的存在而生长，更注重或更追求景观空间的显现以及优先景观的借用和人与自然的最佳和谐（图2-1）。

人类在农耕文化背景下的，完全依赖自然，却充分尊重自然。中国古代的人们，在与自然的长期交融中，切实寻求顺应自然的生存方式。正因为追求天地人关系的极端融洽，以及与自然高度的协调融合，才有了历史空间数千年的持续发展，以至于使古人们精心选择的生存空间留存至今。然而，随着工业革命不断的时代化、现代化，尽管整个世界各方面发展壮大、物质越享富裕，人丁越加兴旺，但究其深层，工业革命带给自然的破坏是必然的，与自然生态平衡的矛盾和抵触显而易见；工业发展带来的负面效果正在慢慢地破坏和吞噬着

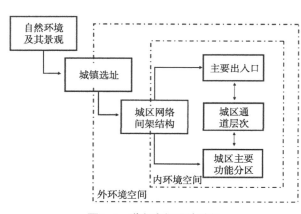

图2-1 逆向空间设计过程

人类赖以生存的自然环境。现代的科学技术发展，使改造自然的能力和手段增强，征服自然，充分利用，开发资源的自然观引导着城市的建设和发展，造成了许多消极结果[17]。现如今的我们，只能尽量减缓慢慢消失的自然生态的速度。目前我们唯一能做的就是怎样保护自然，延续自然的生命；寻求对古环境空间的挖掘，探索古代人们顺应自然以和谐自身的生活和居住空间的认识理念。这无疑对当今现代城镇的建设规划，如何实现人与自然的重新和谐，让有益的城镇"生态空间"持续发展，具有积极的意义。

我们对逆向空间及其序列组合的研究，在国内外相关城镇空间形态及演变方面的理论研究基础上，走进中国历史文化空间，挖掘我国历史城镇发展演变的表达信息，认识了我国数千年古老历史文化的可持续性与空间形态的构建意识。我们不应该总是以近代的一些国外相关理论来探讨我们国家数千年的城镇历史文化问题，不应该背离本土文化底蕴和历史背景；利用文化相差甚远的意识和思想对我们的古代城市空间形态和内涵进行形式上的构建分析是不切实际的，我们应该立足于我国五千年的历史文化和认知来探讨我们自己的历史空间形成与演化特征，才能够真正为我们新时代的城乡规划、城市设计与城市建设找到重塑历史文化城镇山水空间的答案和办法。

我们通过研究认为，一座历史城镇的整体空间上除了具备物质空间、行为空间的有机组合，而且还具备了明显的时空持续发展的演化特征，即城镇物质空间形成的同时，必然伴随着时空的有序而持续地发展以及行为空间的同时产生，三者不可分离且相互作用、相互激化。因此，一座历史城镇真正独特的特征形象和历史文化风貌的建立，便是这三种空间特性组合发展的具体表现。对于一座历史文化城镇的空间发展而言，正是物质文化与非物质文化元素就在这样的多维整合空间中同时相互交融且不断的推进与延续着。当然，历史城镇的整体空间发展的延续性和时空、文化的持续性，均需要包含于它们组合空间的良性演化之中，一旦失去其组合空间延续性和一致性，就极为可能造成环境空间和文化传统的不利影响。直至停滞、间断或遗失。所以，一些历史型文化小城镇虽经过历时悠久地演化和发展，但尽管现代文化元素的浸入却依旧传统文化韵味犹存，历史环境空间格局没有被根本性地改变，或者说城镇空间的发展延续遵循着一种历史进程中的可持续规律（比如逆向观空间模式）。然而，一些历史环境空间发生了根本改变的小城镇，肯定也会造成自身的历史文化根源魂飞魄散，形在魂不在，在发展演化中也必定会产生物质空间上的非物质关系的剥离，也就丧失了历史文化的魂魄，只剩下一个躯壳，从而成了一座毫无价值的历史文化伪装之城。因此我们要保护好历史文化小城镇的建设发展，就应该遵循的一种持续发展的规划设计理念。

我们的研究成果将这种规划理念加以解析、归纳和总结，探索地提出对历史城镇空间应采取保护和有序整合的规划设计建议和方法，以利指导历史城镇空间保护从"空间、时间、行为活动"三方面进行有机组合,恢复和打造具有历史文化内涵和特色的人居环境。

2.2.2　逆向空间的研究目的及意义

通过对历史城镇逆向景观空间的概念、原理及其空间序列组合的建立，以及逆向空间中的人的行为表现特征和时间演化特征进行研究，有利于开展对历史城镇、传统小城镇与村落、现代城市街区、住区等的保护和规划设计的分析运用。

面对一些能够可持续的演绎发展到数百年乃至上千年的历史文化城镇，我们无不感叹古人对它们的选址以及如此重视自然与人的和谐关系。而且古人建造一座城镇，开始之前就引入了山水园林城镇格局的设计思想，引入了比较科学的造景和借景理念来谋划自己的城池。这些历史古城镇细细品来，真是对人与自然高度和谐，人与人之间情感交融，其乐融融的环境创造，好一幅和平吉祥且安居乐业的城镇景观。

历史城镇或古街区景观空间的形成，是由外到内的依赖和因借外环境及其景观来影响城镇内空间格局形成的景观空间的生长过程，主要依赖其自然环境、景观的存在而生长，更注重或更追求景观空间的显现以及优先景观的借用和人与自然的最佳和谐。这相对于现代城镇注重城镇功能的规划设计，我们认为，采用"景观空间优先于城镇空间"的反向思维方式和方法，对于我们总结与研究历史古城镇或传统村落的逆向空间，引导城镇空间合理有序的生长，指导历史城镇空间的保护与合理地更新，具有十分现实的研究和指导意义（图2-2）。

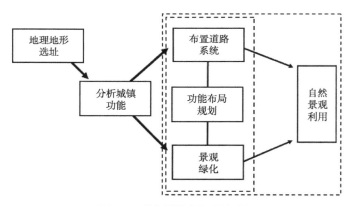

图2-2　现代城镇空间设计过程

逆向景观空间序列组合可以作为一种现代城镇景观空间环境的研究手段，指导小城镇的空间规划和设计。同时针对现代城市的主要空间、居住区规划、新村规划和建设等，都具有很好的指导作用和实际意义。而且逆向空间架构及其原理正是弘扬中国历史城镇空间文化的极好的物质文化财产。

（1）挖掘古人天地人合一、人与自然和谐的城镇设计理念；寻回人类和谐生活环境的空关系；

（2）探求历史城镇的景观特征和古环境景观空间的形成机理，通过分析研究，寻求已保存千百年来持续发展的城镇空间构架与序列组合；指导历史城镇古环境空间的恢复和修复；

（3）提供历史城镇景观空间生成方法与空间恢复依据，避免盲目仿建古街巷空间、古建筑环境空间而忽视和破坏原始的城镇内外景观环境空间形态与格局；更正现在城镇规划建设中先功能后环境的一些不良思维；

（4）在现代小城镇设计中，运用逆向景观空间生成原理和设计手法，重视保持内与外，大与小环境空间的景观效果及其有机联系与不可分割性；

（5）在尽可能满足现代城镇功能结构空间的同时，更好地借鉴逆向景观空间序列组合原理，为现代城镇空间设计提供参考和设计思路；纠正现代城镇景观空间的"补疤"做法。尽量注重对自然外景观及内景观的组合安排和合理利用，以创造更加自然、优美、和谐的小城镇景观形象；

（6）为现代城市设计中，注重自然景观及其空间设计提供借鉴和参考，在充分考虑城市功能的同时，注重自然景观的合理安排和利用。真正体现以人为本、天人合一与自然和谐的城市设计理念。

由此而论，通过对历史城镇逆向空间生长与消失的分析，当我们在历史城镇建设和保护规划时，除了必须重视对它们的个体物质及非物质文化遗产保护之外，切不可忽视其外部环境景观对古城镇内部空间的影响和作用。我们研究提出，按照逆向空间组合原理，遵从和依赖外环境空间来确定内环境空间格局，以继承和持续逆向景观空间的营造；提倡对古镇的周边环境及其一定范围的外环境空间，乃至内环境空间组合也应该作为重要的文化财产加以保护。中国数千年的择居文化表达了一个信息，即任何一个历史城镇都不能脱离它所处的特定的自然环境而独自存在，否则其形体、神韵必然荡然无存。这就是所谓逆向空间完整组合序列的关联性和持续性最基本的原理所在。同时也是呼吁在历史城镇保护建设中，对持续的古环境空间文化也应该作为一种城镇的物质文化切实地加以保护，才不失历史文化物质体系的真正内涵和韵味的传承和发扬。

2.3 逆向空间的构成原理

2.3.1 逆向空间构建基础

1. 堪舆的运用

中国古代不仅仅对空间有了清晰的认识，而且还将空间的意义及其构成与空间环境景观的优劣联系起来，融合考虑它们之间的密切关系，提出了居住和劳动环境选择的优越性和可行性。这就是中国古代的"堪舆学说"。中国堪舆是在中国土地上生长发育起来的一种传统文化现象，有学者研究称堪舆文化是一门方位艺术，其实也不无道理。如何建设出一个宜人的、温馨的、和谐的人居环境，一直是摆在我们大家面前的重要课题，也是我们古今中外在城镇设计中必须考虑的问题。中国人就在一千多年以前，就已经走在了世界的前面，用传统的堪舆文化从比较科学的一面解释了这一问题，并且运用到了城镇的规划建设之中。因此，中国古代的人们，针对古代城镇的选址和造城建设，非常重视城镇空间的形态、内容、布局、方位甚至色彩，可见堪舆文化有其独特的应用价值。其实堪舆的核心问题是人们对居住环境进行选择和处理，其范围涉及住宅、宫庙、村落和城市等方面[18]。

"堪舆"说对中国传统城市的布局产生过重要影响。首先，在城市的选址上，强调依山傍水，指出"吉地不可无水"，对山形和环境也有多种讲究。其二，针对不同的环境，城市的规模等级大小也有配置，"龙气大则结都会省郡，气小则结县邑市村，气大亦大，气小亦小"。其三，根据不同方位的"凶吉"，布置城市与建筑的空间方位。其四，在依据自然条件的"堪舆"同时，还强调弥补"风水"（自然条件）的不足，风水树、塔、桥、城隍庙、土地祠等都源于此，特别是"树多则山秀，山秀则气盛"，对自然环境的保护起到了重要作用。[17]（P58）

"城市空间的发展，'具有'并且'需要'自然环境结构。①"

历史古城镇逆向空间的形成、生长与延续，最基本的建立基础应该说是堪舆学说，强调了人的生存生活与自然的高度和谐。可以认为，一开始人们就将自然环境与人类情感融合起来加以思考。首先，人类选择居住环境，所谓的看风望水，实际上就是择高、避风、躲灾、向阳、通风、防潮，以满足人居对自然环境的择地需要，而同时考虑将环境融入人的情感，这便是逆向空间形成的实质所在。

历史城镇的规划设计基础，就建立在我国堪舆文化的基础应用之上。它将外环境空间的选择会影响城镇空间的形成和发展放在了一个重要的层面上来加以考虑，也有功于山清水秀的城市风貌的塑造。这也是我们逆向（景观）空间研究及其运用的基础。

现在的城乡规划与建设中，特别是针对历史城镇或传统村落的空间设计，常常出现很多不尽人意的效果。一些历史时期留下的古镇，或残缺或消失，为了新时期的经济发展，大多又进行了失误的空间扩张或仿古建造。本来适应新时期的社会和经济的发展，保护性开发利用进行旅游观光也无可厚非，只是没有遵循历史上的古城镇环境空间的发展规律，在没有进行深入科学的历史研究背景下导致了一些盲目无序的"充填补疤式"设计与建设。如街巷空间的延续设计，只考虑现功能和眼前的需要，而不

---

① 段进.城市空间发展论[M].南京：江苏科学出版社，1999，P41.

考虑周围的地形和环境，更没有考虑历史时期的空间环境演化的持续性，二是太多考虑和注重眼前的经济和社会条件。更遗憾的是，很多设计者对古城镇空间的研究，不是从古镇的原始状态和历史根源开始，而是肤浅地将现在反复修建或重建的空间当作历史时期古人留下的空间来分析和利用，这是对传统空间保护的极端不负责任。而且，如此的研究，也难以获得古代城镇建设智慧的真实性，反而会造成对古代历史空间的曲解和误会。

2. 造景法则的运用

通过逆向空间的含义认识，传统城镇空间的形成更多的依赖自然环境和自然景观而存在而生长，注重或追求景观空间的显现以及优先景观的借用和人与自然的最佳和谐。

受农耕文化生活影响的中国人，一向醉心于田园的风味和情调，自然区位大环境下居住选址讲究"堪舆"，主要观点大都描述为群山环抱、负阴抱阳、背山面水的山水格局。我国明代末年计成所著的《园冶》也强调取景的重要性："得景随行""巧于因借，精在体宜"，讲的就是因景制宜。可见，中国历史古城镇很强调建筑与环境的关系，并引入人的心灵感受，除了生活功能的满足，更讲究建筑群落空间与环境协调性以及景观因借带来的诗情画意的生活情境。

环境空间中的风景要素尽管是自然产物，但可以经过处理体现出人的特质。人工景观建筑物在道法自然理念影响下，也可以成功地表现出自然的精神，这就需要一种融合方法来组合和谐。历史城镇空间的生长，尽管融合了人的行为和建筑功能的关系形成了一种空间秩序，但通过合理的功能组合，宜人的比例尺度，恰当的布局安排以及精心的构思和造型手段，就可以达到道法自然的境界，中国的园林造景技巧即是如此。"人的行为活动一旦融入渗透到山、水、林、石中，并且通过对环境的优化设计就能表达出自己的情感和智慧。因此，"道法自然"必须包括人的行为。"[①] 因此，逆向空间中的外环境空间，其实可以看作为"生态 - 情感（ecological-sentiment）"空间；在城池的外环境上，优先考虑大环境的选择，其次兼顾人对自然情感的精神需求。地处背山面水，山水环绕，郁郁葱葱，视野开合的优美自然环境，再荡漾起人对自然的情感渴望和依赖，远山近水，云雾缥缈，空气清新，无不让人心驰神往。这种自然与情感融融的环境，便成为人们生活驻地的优选。西晋文学家左思在《蜀都赋》中追思川西平原形容道："沟血脉散，疆里绮错，黍稷油油，粳稻莫莫……夹江傍山，栋宇相望，桑梓连接，家有盐泉之井，户有桔柚之园。"[②]

当城池驻定，内空间环境的创建更是注入了人对生活环境的情感色彩。人们依照外环境与城镇界面的空间形式，同样在自己生活居住空间中内注入情感，使其满足生

---

① 吴家骅.景观形态学[M]，北京：中国建筑工业出版社.1999，P144-150.

② 西部观察编委会古镇魅影.2006.p87-117.

活功能的物质空间同样充满精神元素。他们对内环境空间的组织，通过借、对、隔、漏、框等造景手法，将外环境空间的元素有机地结合起来，既保持内外景观空间的连续性，又依此延续并组织内部的功能空间，并在满足人们生活居住活动的同时，寻求人们情感需要的空间的布置，我们又可定义为"情感－居住（sentiment-live）"。一些历史城镇的环境精华与空间魅力就在于此，即空间环境中注入了人的情感世界，真正体现了人与自然的和谐，不仅仅是形式上的和谐，更是精神上的和谐。以至于千百年来直到现如今，一些文化名城或古镇持续地焕发着迷人的幽香，依旧是那小桥、流水、人家的朴实无华，自然、亲切、适宜，让人流连忘返。

许多古城镇区位，不仅仅单纯地受到了传统堪舆环境的选址控制，它们往往在城镇景观空间形态效果上也显现出一种对优美景观的因借和运用，异常明显地取舍了山水环境与城镇物质空间形态的最佳融合关系，充分展现了人居环境与自然高度和谐，空间层次分明，组合合理，内外环境交融，景观空间序列过渡。这些古城镇街道空间大多具有独特的逆向空间结构，依据原居民对环境和生活需要逐渐演变而成，往往顺应地形、随高就低、曲折蜿蜒、步移景异，极富生活情趣，充分展示了古城镇文化积淀和居民传统的最佳生活空间效果，传统街道具有亲近宜人的空间尺度和环境氛围，强调街道对内对外的造景和组景作用，形成丰富的景深和层次。

在中国古代，很多城镇空间格局的创建引入了中国传统的造园理念，特别是一些历史文化丰厚的城镇，它们的建城过程大多都是先依赖环境山水建城池。古人非常重视堪舆居住文化，常根据地形地理环境选址，充分尊重自然形势。对于城镇街道的延伸和视线归宿总是尽量地依据背山面水进行布置，面对外环境的山水、植物等景观节点。城内的环境，也极为注重视觉的障景转换，曲线形街道导景，丁字路交接隔景、障景等形式的运用（图2-3）。所以，许多历史城镇的建设都是在依赖外环境的基础上，选择了优美和谐的山水景观。我们不难发现许多古城镇中的街道形态都反映了以外环

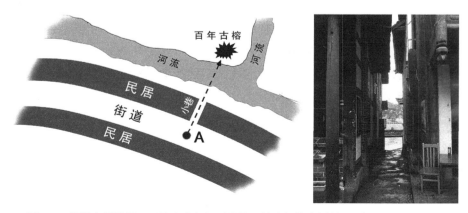

图2-3　清代古镇设置——取水巷与河对岸外环境空间的古树景观对景（因景设巷）

境为基点来统筹安排景观视线和空间节点。因此，我们在城镇的空间规划设计中，应该首先认真地研究外围环境空间，依据环境来设计和布局城镇空间，甚至更细致地设计街道和景观视线节点。

遵循堪舆文化的选城、建城和居所观点是古代人们的一种实际运用和识别空间的理念。他们对居住和生存空间的认识，不是依附自己个体空间的创造和满足群居所有功能去创建空间，而是遵从和依顺外部环境和天与地空间环境的形势，注重天地人和谐的大环境，并以此来确定内部行为活动和生存活动的空间轮廓，因此形成"小桥，流水，人家"的和谐景观空间环境。他们对空间的思维，先抛开个体元素的需要，采用由外到内，由大到小，由面到线、点的逆向空间思维方式，以顺从大自然、大景观、大空间的平衡方法，借用外部空间环境的景观效果来引导甚至控制内部小环境的景观视线，直接与内部的点、线、面景观空间相结合，并以一定的顺序和规律去最终完成一个镇村内部的各种功能组织。这种由外及里的空间环境引导方法，充分注重了外部环境景观与内部景观的呼应和协调，然后构建环境景观与生活功能融合一体的各层次的类型空间。他们将内与外的景观空间环境完美地结合起来，通过不同的渐变、弯曲、转折等空间形式和园林借景与造景的方式，展现出街道尺寸适宜，生活气息浓厚，人与自然和谐，景观构图优美的古镇空间魅力。

3."有""无"理念的运用

根据古人"物尽其用"的有与无的观点，物质空间（有）应附有非物质性质（无），二者的相得益彰才为圆满，"无之以为用"也才具有了空间的意义。我们可以理解为，一个物质一定会对应一个非物质的精神内涵。反之，一种非物质内在性质也会对应一个物质的外在表现。物质空间的功能决定了一种非物质的行为（人的活动），餐厅建筑，就餐是其功能，也同时具有餐厅的空间形态，当人们进入这个空间就会产生就餐的行为活动，也保留了一种餐饮文化。如果张冠李戴，就会造成物质空间与所附于的非物质行为不一致，也就产生了物质空间与文化内涵的分离，空间也就变得毫无意义。某历史时期的餐厅，形态依旧，但是早已失去了功能，而且空间中再也没有了就餐的行为活动，而是改变为商场或舞厅，其非物质的文化内涵发生了根本的改变，更不用说历史时期的大环境是否依旧。这种现象，在现如今的古城镇改造设计和开发中，比比皆是。古镇的历史街巷清一色全部变为商铺；昔日的古建筑空空如也，昔日的空间与文化内涵的结合早已不复存在。所以，一旦物质与非物质属性造成了分离，即使保住了一个建筑及其空间的物质遗产，而空间里面的行为属性也就烟消云散了，历史和文化价值也就不复存在了。因此，我们研究城镇的物质空间，一定要结合对应的文化内涵和本身的非物质属性那一部分的行为存在给予保护，才能真正地成为符合人的行为需要的景观空间。

2.3.2 逆向空间的形成机理

一座历史城镇空间的形成，同时依赖于自然因素和人为因素，依就自然空间与生活空间的巧妙结合来逐渐生长完成自己的空间结构。它们首先依赖于外部自然地域生存环境，巧"借""引"优美的自然和景观资源，形成独特的外空间格局；其次则依赖外空间的存在，在内部充分融入内与外的组景关系，逐步生长其自身的生活、交往、行为等内部空间单元，最终完成自身特有的宜人空间尺度和格局。

对历史城镇的保护以及对新型城镇风貌特色的规划建设，从景观形象上分析其根源在于这座城镇的空间形态，它应该是多维属性的融合空间组合，即物质构成空间与时间演化以及人的行为空间三者有机融合形成的多维性空间。它们既有属于自己空间的序列组合，又有在时间长河中的历史文化积淀，还有演化过程中人们的行为渗透，共同形成一个天、地、人和谐统一的有机空间系统。而这一系统是建立在特定的自然地理条件和环境之中，有其自身空间构成的哲学理念为基础。这些空间构成元素的组合，蕴藏着悠久的历史传统文化和思想，是很多国外理论所不及的，这就是我们研究历史城镇逆向空间及其多维属性整合的出发点。

一个城镇的空间除了具备物质空间、行为空间的有机组合，而且还具备了时空的发展演化特征，三者不可分离且相互作用、相互演化。空间就是对于城镇物质空间、非物质空间的整合，也即除了我们平常注重的平面形态和视觉三维表现形式之外，另外还要考虑到人的行为空间和城镇自身时间空间对于城镇空间的影响因素。研究发现只要遵循了这一基本发展规律，多维空间的整合特征就自然会得到留存，其可持续性也就会得到很好的表现。反之，历史小城镇和谐优美的空间形态会随之湮灭，多维空间的整合也会受到逐步分解直至消失。

所以，我们也可以这么认为，逆向空间序列组合也是城镇内的建筑空间与城中的内外环境空间共同融合的一种城市景观空间模式。

现代城镇的空间规划与设计，主要依从现阶段社会经济高速发展，快速城镇化等现状，主要从一座城镇"功能空间"的完善为重点区加以考虑，即以主要满足人们生活、行为活动所使用的功能为出发点进行规划和空间设计。而我国历史上的很多古城镇由于人口相对较少，城市功能单一的状况，而且处于农耕文化为主的历史时期，因此在建城与塑造城镇空间方面就特别注重对周边环境的选择，主要从"城池空间与环境景观"的创建思路上来考虑城镇空间。尽管时代和条件不具太大可比性，但是人与自然和谐，天人合一的理念的体现依然重要和突出。过去人们喜欢将居住环境与自然联系在一起，而工业现代化的今天，人们逐渐认识到环境的重要性，重拾对生存、生活环境的渴望，因此"人与自然和谐""回归自然"的呼声日益高涨，开展以创建优越的人居环境的规划与设计也受到当今社会的极力推崇。"人与自然和谐"的空间思想以其强大的生命力吸引着现代人去反思。历史上众多的传统城镇大都具有古老的历史，因而始终具有一种特殊传统空间格局的痕迹。我们既以这些小城镇共同的历史文化内涵为出发点，定义这种古代的传统景观空间的思维方法为逆向空间分析法。

逆向空间不仅是一种描述实体的空间形式，还是一种包括城镇在内的周边山水环境景观表现形式，以及评析城镇内外大环境空间整体组合特征现象的一种空间景观的研究方法。它所描述的景观特征现象不仅包括大环境空间，也不仅是建筑组合空间的表象，而是反映城镇历史演化过程中空间景观的合理变迁，反映人的行为空间的有机组合存在的景观特征。其研究意义是在强调城镇的综合景观空间效应以及保护城镇建筑空间景观的同时，应该保护大环境空间和时空的所表象的物质空间的有效延续。从而保护历史城镇空间的物质及其时间、行为等非物质属性融合空间的完整性。图2-4中，左图反映城镇的空间格局主要表现为受城市内力发展趋势影响，城镇空间由小到大的向外顺向（单向）生长过程中，忽视了历史时期外环境景观空间的存在，放弃了城镇周边环境中的景观因素，导致历史时期内外环境空间的整体性受到破坏；右图则反映城镇空间的发展演化受到历史上外环境空间中景观因素的干预，城镇的空间发展遵循内外环境空间的组合规律，表现为城镇内部空间在发展过程中，持续地由内向外有序地进行逆向生长（双向），从而接受了外环境景观对城镇整体空间发展的有利影响。

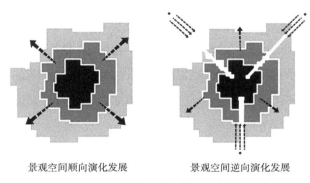

景观空间顺向演化发展   景观空间逆向演化发展

图2-4　历史城镇景观空间的逆向生长与消失

2.3.3　逆向空间构建模式

通过分析研究我国众多的历史文化城镇的环境空间布局，均先尊重和依赖自然环境的存在，并利用大环境和大景观元素来影响城镇内部空间构架的形成。这些遵从逆向空间原理及组合规律的历史古城镇，充分表现出其融入自然的风貌特色和历史文化内涵的魅力。他们选址置城首先需具备优越的地理环境及条件（自然环境优美，或依山或傍水，或造景、借景，居所错落有致）；具备和谐的人与自然的关系以及富于人文情怀的交往空间；具备适宜人的空间与尺度，亲切，无压抑感，且愉快轻松；具备比较合理的景观空间组合以及视觉空间的创建序列和层次；正是这种尊重自然，利用自然，回归自然，融入自然的天人合一效果，孕育了悠久的历史文化和生活习俗，以及环境与人、空间与人的可持续演化和优美的景观生活环境。这样的城镇，大多环境优美，存在极佳的内外景观视线交换，街巷和建筑尺度宜人，心理感受愉悦舒适。

历史古城镇所具有的这种逆向空间构架特征，反映了古人刻意创造优美的生活环境。因此，对待当今的历史文化城镇，应该加以妥善保护，在新与旧的城区面貌的矛盾之中，功能与景观对城镇形态的复合影响下，必须认真地开展分析研究，才能确保特色的历史留存和现代的生活需求异彩同辉。

逆向空间构架手段，可以说是古人一种运用和识别空间的理念。他们对人类生存空间的认识，不仅是依附自己个体空间的创造和满足群居所需功能去创建空间，而是首先遵从和依顺外部环境和天地空间环境的态势（称外环境空间），注重天地人和谐的大环境，并以此来确定内部行为活动以及生存活动的空间轮廓（称内环境空间），从而形成"小桥，流水，人家"的天地人和谐的景观空间环境和景观变化多端的空间格局。他们对城镇空间的形成是采用由外部大环境空间确定内部小环境，由表及里，由面到线、点的逆向思维方式，以顺从大自然大景观大空间的平衡方法，追求外部空间大环境的架势来引导甚至控制内部小环境的点、线、面空间的组合，并以一定的顺序和规律去最终完成一个城或村落内部的各种功能组织（图2-5）。其由外及里的空间环境引导方法，充分注重了外部适宜的合理的景观格局与内部景观空间构成的呼应和协调，再构建街巷景观空间与生活功能空间为一体的不同层次的空间。这种空间的设计理念，使得内与外的景观空间环境完美地结合起来，通过不同的渐变、弯曲、转折等空间形式，显现出街道尺寸适宜，生活气息浓厚，人与自然和谐，景观构图优美的历史古城镇的空间魅力。

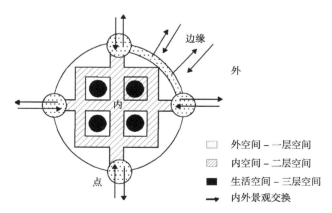

图2-5　逆向空间序列组合模式

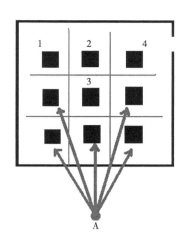 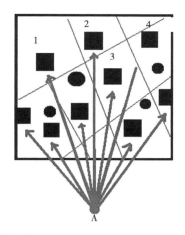

图2-6 逆向空间原理与模式引导示意图

如图 2-6 所示,左图的城镇空间布局,A 点为城镇外(环境)空间的一个重要风景节点,那么 A 在城市空间中能被视觉可达的范围非常有限,实际上在现代很多城市空间中的重要节点根本上就缺乏可视度。在点 1、点 2、点 3、点 4 处基本就不存在外空间的自然景观点的视觉空间反馈。这种城镇空间框架的布局就严重缺乏与外环境的山水景观很好融合,整个城镇空间也就谈不上具备了与自然和谐的基本条件和要求。而右图中的城镇空间布局显然就比较合理,外环境空间中的 A 点,在城镇内空间的可视度便大大提高。从城镇内空间的点 1、点 2、点 3、点 4 及其他各点,均可视觉到外环境风景点 A,反映了城镇空间的点、线网络布局就比较合理。

因此,在一座所谓的美丽城镇的景观元素更加丰富的情况下,倘若不加以对城镇空间进行科学地规划与建设,就不可能充分地展现和构建真正的山水城市的景观形象。为此,我们提出逆向空间设计理念和空间分析方法,就是要处理好外环境与城内空间的有机融合和充分考虑它们相辅相成的关系。

2.3.4 逆向空间的表现特性

1.空间组合的秩序性

历史城镇的逆向空间序列组合依附于环境空间景观有秩序的表现与展示,充分体现自然和谐的环境空间,生活和谐的人文空间。逆向空间的整体格局表现为地理环境优越,空间布局合理,架构格局流畅,景观层次丰富,内外环境空间层次有序、连续、相互关联。

逆向空间的有序组合主要表现在空间的层次性、关联性和依附性。

(1)层次性:既有内外环境产生的交换和边缘空间的环境效果;又有内环境生成的各种转折、引导及驻留空间组合,内外空间一起构成层次丰富的空间序列。

（2）关联性：从外环境的确立影响到内环境的生成，不同层次的空间构架，都具有自己特性和相互的联系，形成各类空间连贯的景观链，使得空间的组合四通八达，连续过渡。

（3）依附性：从外到内的空间序列及组合，格局上内景观空间依附外环境空间，具有内依外，小依大的空间特征，内部转换和引导空间相互依附布局，衔接紧密。

因此，逆向空间设计是一种依赖于自然景观环境并遵循由外环境决定其城池格局，且空间层次分明，以达到天人合一，人与自然协调的境界。

在历史古城镇空间形成过程中，空间网络间架结构的组合序列及其类型，往往是由自然元素、景观元素和人工元素以"天人合一"的合理方式，按一定的构建序列和层次形成的人类集聚空间。它是一种在充分尊重自然、景观等空间因素的条件下，尽可能地融入人类生存必需的功能元素的组合方式。它的构建序列遵循先外（环境）后内（空间），由表（景观存在）及里（景观生成）的秩序关系，分为一层次空间（外环境空间）、二层次空间（内环境空间）和三层次空间（内生活空间）三个空间层次（图2-7）。

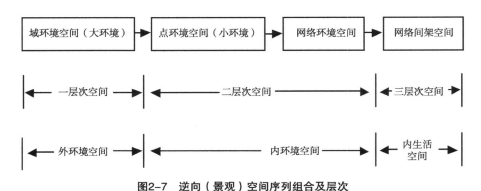

图2-7　逆向（景观）空间序列组合及层次

2. 空间形态的连续性

城镇空间从一个点到一个面的发展进程，会突出反映城镇空间形态的不断变化和扩张。但是变化的过程和结果是否遵从逆向空间的生长规律，是对空间演变成效的一种辨别。空间演变过程中，使得城镇的内、外空间格局依然保持连续而有序的关系变化，那么这种空间生长便是合理有效的表现。

3. 空间演化的时空性

历史城镇的发展演化，充分反映了空间变化过程的时间属性。时间的持续演变扮演着城镇物质空间不断更替的角色。城镇空间的生长过程遵循由外部空间影响内部空间，由表及里的景观空间生成序列和次序。它不是以重点考虑城市功能来进行城镇空间设计，而是首先或者同时考虑依赖外环境和景观等自然条件的客观存在，布局和改造城镇空间网络间架，以构建人与自然和谐的，供人们生活、劳作、休息的优美环境空间。

历史城镇空间的不断演化与发展，都会留下各个历史时期的时代烙印。特别是一些发展时间较长而且时代鲜明的时期，其各种物质文化和风格极易保存下来，因而会产生不同物质文化背景下的城镇空间特征。如位于四川成都黄龙溪古镇的景观空间就具有明显的逆向空间组合特征，它在经历了数百年的时空演进中，景观空间的不断延伸基本上顺应了逆向空间的组合特征和持续性发展，属于空间序列组合中的积极演变。同样，在不合理的建设指导下也会出现消极演变的情况。历史城镇的空间演变趋势总是在消极和积极之间徘徊，在正反两个作用力之下达到一个相对合理的平衡态空间。其特性的显现充分反映了他们相互的交融和有机构成。

4. 空间的多维融合性

我们认为历史城镇空间具有多维融合性。逆向空间序列组合除了物质三维空间属性，还同时内涵着历史演进中的时间属性和空间中的行为属性并与之融合，从而构成了逆向空间组合的多维性空间序列（图2-8）。其中，行为属性与时间属性的表现与物质空间有所不同。人的行为往往是有机地融合在物质空间之中，和谐而自然；而时间的演进却恰似一条时光隧道，任千百年来的发展演化却经久不息，依然焕发着天、地、人自然和谐的城镇空间景象。

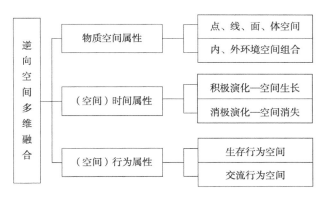

图2-8 逆向空间多维融合框架

千百年来，人类在城镇中聚集，物质空间给人们提供赖以生存的物质实体，由建筑形制、建筑材料构建的物质空间在不同时期表现出不同的空间形态特征，在历史的长河中不断演化，形成了比较成熟的城镇居住形态。然而，正因为同时融合到了时间岁月的发展演化，以及人类生存的行为活动，使城镇空间变得更为丰满。特别是受到中国深邃的古老文化思想的影响，不断丰富了自身的空间形态特征而更加富有魅力。

2.3.5 逆向空间设计理念

逆向空间设计，是根据现代城镇建设发展和规划过程中，出现了重城市功能设计而轻环境空间设计以及优先人本设计行为，自然环境景观滞后等片面思维而进行的一种顺应自然的设计手段。现阶段的城镇规划与设计，模式单一，手法简单，对城镇空间的设计除了按照城镇用地性质确定基本的空间格局外，很少基于环境空间的预先性去考虑城镇环境空间网络的布局和可持续性发展，包括一些城镇内的新区和居住区设计，以及一些历史传统古镇的保护和扩展开发规划等。采取的设计手段往往是以点带面，最先考虑城市功能性质，然后确立用地功能分区，再确定城镇的居住、工业、商业等用地功能空间结构，以及城镇道路网络空间布局，中心区、建筑群等，最后才考虑"扦插式"的景观空间的规划与设计。这样的城市空间规划设计，尽管城市功能齐备，但却丧失了环境空间的协调和美观，而且阻碍了历史时期外环境空间与内环境空间的有机联系。使得城镇历史空间的原真性受到了"断层式"破坏，留下了遗憾。在我国，这样的历史城镇的例子和教训不在少数。这样的城镇空间设计不应该是一个宜居城市、特色山水城市的城市设计理念。这样的设计，违背了自然优先、环境优先，人与自然可持续发展的根本原则。现在不少的新建小城镇和村落，或者历史古镇的开发与保护中，背离了这个设计思想。当然，我们也不难发现，我国许多千百年历史的古城镇依然保持着它原始的环境空间和谐优美的风韵。如南方很多地区，分布着历史悠久的古城镇、古村落，它在向当代人们展示着它们数百年前的独特的环境空间和居住空间形态和景观，充分说明了它顺应自然，以及长久的可持续发展，很值得我们去研究和借鉴。它们的存在，就是因为合理的科学的布局和设计理念符合人与自然和谐发展的规律，它采取了以地域环境空间景观为存在的基础，注重大环境空间位置，再选择小环境空间网络择吉而居，而且空间网络间架注重景观展现序列而合理的布局，尽可能满足天人合一，人与自然和谐的生存环境。它与现在一些小城镇不同的是，空间布局与设计，内外交融，由表及里，最后达到内外环境空间和谐且相互依存的境界。

2.4 逆向空间序列组合及其分类特征

一座城镇都是通过物质空间构成其城镇形态，物质空间是实体空间，是一切行为活动发生的载体。研究认为，逆向空间是传统城镇，特别是一些历史古城镇空间形象表现的基础，而且逆向空间也是小城镇空间多维性要素的根本。城镇空间应该是由人不断创造出来的，同时也为人提供各类行为活动的自由空间，二者是相互联系的网络关系。在城镇的长期发展中大小宽窄、收敛发散的不同形式的物质空间，组成了内空间架构格局。

2.4.1　逆向空间的序列组合

1. 逆向空间组合的识别表达

外环境空间　　　内环境空间　　　内生活空间

山+水　城+燕　屋+人

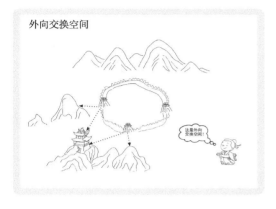

外向交换空间

内向交换空间

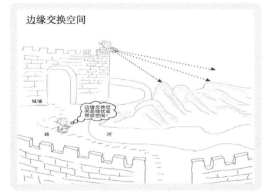

边缘交换空间

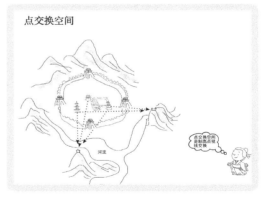

点交换空间

阻滞停留空间

阻碍转折空间

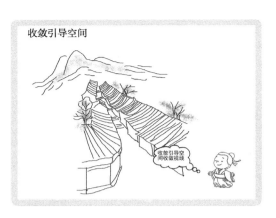

收敛引导空间

转向引导空间

转换连接空间

院落空间

外环境空间

　　周边环境和城池围合边缘或城内制高点与入口空间。依赖于古城镇特殊的地理位置和自然景观环境，决定城池外缘格局，如城廓、位置、主要出入口等。

——外向交换空间

设置的出入口及主要视线廊道的对外观景空间，常采用对景和借景手法。如堪舆选址中的案山、朝山，背景山（玄武山）、水口山等对景以及一些重要方位、古迹和水体空间。

——内向交换空间

设置的出入口以及主要视线廊道的由外对内的观景空间，常采用门墙框对景手法，也属于一个城镇的重要形象空间部分。该空间向内生长，并连接内环境空间的转向引导、阻滞转折以及收敛引导等空间。

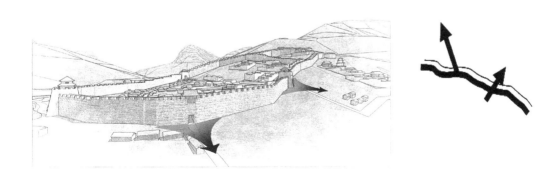

——边缘交换空间

内空间的外缘如河岸、城墙、道路等环带状空间，具有一定的水平视域景观范围，与外环境空间进行景观互换。

钟楼　点交换空间

——点交换空间

内空间与外环境空间中的一亭台楼阁和名胜山川等制高点之间的景观交流空间。

⎡内环境空间⎤

受外环境空间影响，满足城内人们的公共行为活动的空间。它相对于外环境空间形成的城池内部骨架。根据内向交换空间的位置确定内部道路系统节点、格局以及公共、生活空间。

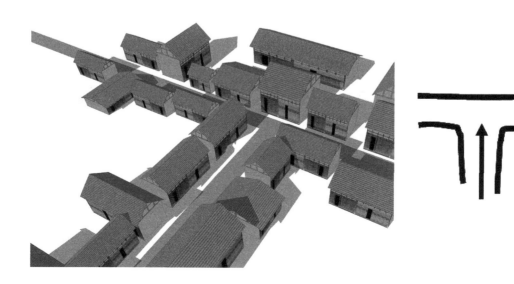

——阻碍转折空间

因引导同层次空间或回避不利因素需因势利导，采用 T 和 L 形道路空间障景阻隔，引人入境，连接主要的街市、广场、码头、娱乐等公共空间。

——收敛引导空间

因山势地形需要或回避淡出其他景观因素，利用屋檐轮廓线或夹景而采用长直线街巷向远处收敛于外环境的引导空间。

——转向引导空间

因障景、隔景或山势地形需要，采用曲线形转向导景或引入其他层次的空间。

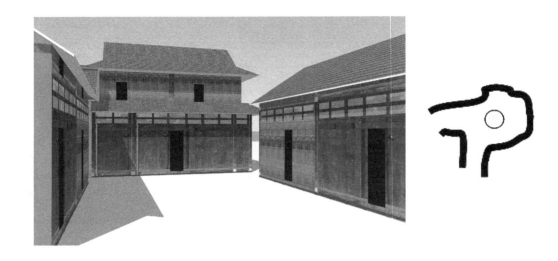

——阻滞停留空间

临时停留集会、集市、休闲、庙会、纳凉等公共活动空间。

内生活空间

由公共空间连接并转换到生活场所的空间，指被包围或隐藏于城池内部的居住生活空间，供居民生活通勤及居住使用。包括转换连接空间和院落空间。

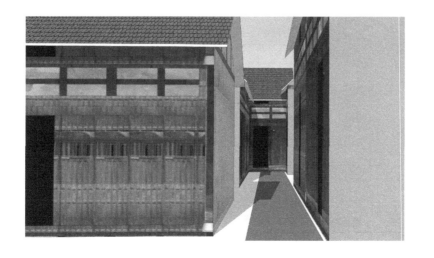

——转换连接空间

不同层次间的转换空间，与内环境空间一般呈为 T 形连接，为院落连接主要街巷的生活通道空间。

——院落空间

居民私密生活居住空间。大规模景观型院落可直接连接内环境空间。

2. 逆向空间组合的分析表达

我们根据我国许多历史上的古老城镇、村落的空间文化特点研究，利用逆向空间的设计原理，在城镇的空间层次上将整体空间从外到内分为三个层次：即外空间、内空间和内生活空间等空间层次组合。历史城镇的外空间，即"外环境空间"，为第一层次空间，作用表现为物质和行为的交换，包括外向交换空间、内向交换空间、边缘交换空间、点交换空间；内空间，即"内环境空间"，为第二层次空间，作用表现为物质和行为的转换，包括阻碍转折空间、转向引导空间、收敛引导空间、阻滞停留空间；内空间，即"内生活空间"，为第三层次空间，作用表现为物质与行为的衔接和转承，包括转换连接空间和院落空间（表 2–1）。

逆向空间序列与组合   表 2–1

空间序列层次		空间组合类型	空间范围与作用
逆向空间序列组合	外（环境）空间（第一层次空间）	外向交换空间	周边环境和城池围合边缘或城内制高点与入口空间 依赖古城镇特殊的地理位置和自然景观环境，决定城池外缘格局和轮廓、出入口
		内向交换空间	
		边缘交换空间	
		点交换空间	
	内（环境）空间（第二层次空间）	阻碍转折空间	城池围合中的公共空间部分 根据城内轮廓和内向交换空间的位置，确定内部道路系统格局，以及公共、生活空间位置，完成功能分区

续表

空间序列层次		空间组合类型	空间范围与作用
逆向空间序列组合	内（环境）空间（第二层次空间）	转向引导空间	城池围合中的公共空间部分 根据城内轮廓和内向交换空间的位置，确定内部道路系统格局，以及公共、生活空间位置，完成功能分区
		收敛引导空间	
		阻滞停留空间	
	内（生活）空间（第三层次空间）	转换连接空间	被围或隐藏于城池内部的人居生活活动空间 主要供城池居民生活通勤及居住活动，占据于丰富城池内部空间内容
		院落空间	

有学者认同，小城镇的平面布局是空间形态在平面上的投影，其结构特征是构成城镇特色的要素之一，这也是我们在小城镇特色规划设计中着重考虑的主要内容。这种特色的创造，自然源于其特定空间形态的投影，而这种空间就是一些历史古镇和某些历史古城所具有的空间格局，并具备逆向空间的表现特征（表2-2）。

逆向空间序列与属性分类特征　　　　表2-2

空间层次与序列			功能作用	分类空间	特征与表现	图式符号	例注
逆向空间层次与组合	逆向空间序列	外（环境）空间（第一层次空间）	城外环境和城池边缘或城内制高点以及入口空间。依赖城镇特殊的地理位置和自然景观环境，决定城池外缘格局 外环境景观与内边缘交换呼应，通过相互之间的对景或借景，连接内外景观空间，形成视点视线视廊。由自然环境条件确定主要出入口位置，顺应自然景观的依靠和借用而协调布局	外向交换空间	出入口及主要视线廊道的向外观景空间，常采用对景和借景手法。如堪舆选址中的案山、朝山，玄武山、水口山等对景以及一些重要方位、古迹和水体空间		
				内向交换空间	出入口以及主要视线廊道的由外向内的观景空间，常采用门洞框景漏景手法。该空间向内生长，接内环境空间		

空间层次与序列			功能作用	分类空间	特征与表现	图式符号	例注
逆向空间层次与组合	逆向空间序列	外（环境）空间（第一层次空间）	城外环境和城池边缘或城内制高点以及入口空间。依赖城镇特殊的地理位置和自然景观环境，决定城池外缘格局 外环境景观与内边缘交换呼应，通过相互之间的对景或借景，连接内外景观空间，形成视点视线视廊。由自然环境条件确定主要出入口位置，顺应自然景观的依靠和借用而协调布局	边缘交换空间	内空间的外围边缘河岸、城墙、道路等环带状空间，具有一定的水平视域景观范围，与外环境空间进行景观交换		
				点交换空间	内空间制高点与外环境空间制高点之间的景观交流		
		内（环境）空间（第二层次空间）	城池围合中的公共空间部分。根据城内轮廓和内向交换空间的位置，确定内部道路格局以及公共、生活空间位置 城池内部组织景观和空间转换、引导以及连接各功能区。根据内部景观交换特性，组织线形道路空间，并通过隔、阻、放、收等手法进行各种空间的转换，配合外环境对内进行功能分区，并注重街景的转换，使其景观丰富变化	阻碍转折空间	同层次空间的导景或回避不利景观空间的因势利导，采用T和L形道路障景阻隔，引人入境，连接街市、广场、码头、娱乐等公共空间		

空间层次与序列			功能作用	分类空间	特征与表现	图式符号	例注
逆向空间层次与组合	逆向空间序列	内（环境）空间（第二层次空间）	城池围合中的公共空间部分。根据城内轮廓和内向交换空间的位置，确定内部道路格局以及公共、生活空间位置 城池内部组织景观和空间转换、引导以及连接各功能区。根据内部景观交换特性，组织线形道路空间，并通过隔、阻、放、收等手法进行各种空间的转换，配合外环境对内进行功能分区，并注重街景的转换，使其景观丰富变化	转向引导空间	因障景、隔景、空间变化或山势地形需要，曲线转向导景或引入其他层次空间		
				收敛引导空间	因山势地形需要或回避层次平淡景观，利用屋檐轮廓而采用的直线性街巷收敛至外环境的引导空间		
				阻滞停留空间	集会、集市、休闲、庙会、纳凉等公共活动可停留空间		
		内（生活）空间（第三层次空间）	包围或隐蔽城池内部人们生活活动（私密）空间。供居民生活通勤及居住活动 丰富和充填城池内部空间内容。分布在各种巷道分隔的街坊空间中	转换连接空间	不同层次间的转换空间，与内环境空间呈T形连接，为院落连接主要街巷的生活通道		

空间层次与序列		功能作用	分类空间	特征与表现	图式符号	例注
逆向空间序列	内（生活）空间（第三层次空间）	包围或隐蔽城池内部人们生活活动（私密）空间。供居民生活通勤及居住活动丰富和充填城池内部空间内容。分布在各种巷道分隔的街坊空间中	院落空间	居民私密生活居住空间。大型院落可直接连接内环境空间		
逆向空间层次与组合	逆向空间的时空和行为属性　空间属性为	生存行为空间	融合院落空间、转换连接空间 具收敛、无序性（随意、散漫）		居住生活场所，属于人们私密内敛空间	
		表现行为空间	融合阻滞停留空间 具开放、有序性（展示、表达）	交流行为	行为文化或人际交往表现空间，展示人的各种扩展行为。广场、市场、交易、文化活动、休憩场所、工作等空间	
				休憩行为		
				劳作行为		
		交往行为空间	融合边缘交换空间，属于交换性的依赖行为空间		与外界联系交往，城市空间与外界的接触面。如城门、车站、码头等空间	

续表

空间层次与序列		功能作用		分类空间	特征与表现	图式符号	例注
逆向空间层次与组合	逆向空间的时空和行为属性	时间演进属性	逆向空间生长 遵循序列组合规律，空间有效生长		新老城区发展空间符合逆向空间构架，和谐协调		
			逆向空间消失 违背序列组合规律，空间被破坏		新老城区发展空间背离逆向空间构架，不协调		

逆向空间生长序列，既是一种在空间形成上的传统思维方法，也是一种对空间进行设计的传统手段。传统城镇空间的形成更多的是主要依赖自然环境和自然景观而存在、生长，更注重追求景观空间的显现以及优先景观的借用和人与自然的最佳和谐。在我国一些倡导自然理念的古城镇大多环境优美，有极佳的景观视线视域和观景街道空间，道路和建筑比例尺寸的规划设计很符合人对空间领域的心理要求以及中国人含蓄的步移景异的隔景观景欲望。但是在现代城镇空间，由于人口规模及现代化生活方式复杂化的影响，更注重现代时空中人们居住空间和生活空间的功能需要，其次再考虑景观的安排和"补充"设计。因此二者形成满足各自需要的空间序列和空间系统，表现为不同历史时期和不同背景条件下的空间特征。

2.4.2 逆向空间的分类特征

结合逆向空间中提出的空间序列与组合概念，历史城镇的三维空间可分为外环境空间、内环境空间和内生活空间三种空间模式。这三种空间通过城镇的物质实体所围合的街巷空间、居住空间等相互连接和转化，在一个空间向另一个空间转化的节点会出现功能明确的转换空间。相互联系的三种空间模式，在一定的物质（空间）和非物质（行为）融合条件下相互转化。

历史城镇的逆向空间设计理念，遵循由外环境决定其城池格局，且空间层次分明，以达到天人合一，人与自然协调的境界。

1. 外（环境）空间

属于第一层次空间。

包含城镇周边山水外环境；城池的围合边缘，如城墙、道路、滨河岸；城内外一些突出的风景节点；城镇与外空间交接的门户、镇村口、码头、出入口等。依赖于古城镇特殊的地理位置和自然景观环境，决定城池外缘的格局，如城缘轮廓、城池的选址位置以及主要出入口的位置。它对于城镇的产生以及形成起着决定性的作用，城镇空间格局所反映出的一些宏观特征和它有着密切的联系。外环境空间（第一层次空间）包括内向交换空间、外向交换空间、边缘空间、点交换空间等周边环境、城镇边界和入口空间部分。

范围：包含周边环境、城池围合边缘、城内制高点和入口空间。

功能与作用：城镇周边的外环境景观与内边缘交换呼应，通过相互之间的对景或借景，连接内外景观空间，形成视点视线视廊。其作用决定城池外缘格局，如轮廓、位置、主要出入口，由自然景观和所处的地理位置决定。

布局：由自然环境条件确定主要出入口位置，以便顺应自然景观的依靠和借用，做到顺应自然的协调布局（如山水格局）。

空间组合构成：

（1）外向交换空间

设置的出入口及主要视线廊道的对外观景空间，常采用对景和借景手法。如风水选址中的案山、朝山，背景山（玄武山）、水口山等对景以及一些重要方位、古迹和水体空间（图2-9）。

图2-9 第一层次空间——外向交换空间

（2）内向交换空间

设置的出入口以及主要视线廊道的由外对内的观景空间，常采用门户对景手法，也属于一个城镇的重要形象空间部分。该空间向内生长，紧接内环境空间的转向引导、阻滞转折以及收敛引导等空间（图 2-10）。

图2-10　第一层次空间——内向交换空间

（3）边缘交换空间

内空间的外围边缘如河岸、城墙、道路等环带状空间，具有一定的水平视域景观范围，与外环境空间进行景观互换（图 2-11）。

图2-11　第一层次空间——边缘交换空间与点交换空间

（4）点交换空间

内空间中的一些制高点与外环境空间中的制高点之间的景观交流空间（图2-11右）。

2. 内（环境）空间

属于第二层次空间。

指受外环境空间所影响，以满足城镇内部人们的公共行为活动的次一级格局，小城镇内部空间的大体格局和肌理是其外在表现，也是被城池围合之中的公共空间部分。它是相对于外环境空间来说的次一级城镇空间骨架，介于外环境空间和内生活空间之间，充当两个空间物质和非物质意向、空间转换器的角色。根据城内轮廓和内向交换空间的位置，确定其内部道路系统格局，以及公共、生活空间位置，完成功能分区。包括转折空间、转向引导空间、收敛引导空间以及阻滞停留空间等诸多小巷空间组合。内环境空间是小城镇居民开展各式各样活动的空间，它能提供多种实用功能，以便与城镇生活联系起来，包括信息交流、人员交往、行为交通等。

范围：被城池围合之中的公共空间部分。

功能与作用：城池内部组织景观和空间转换、引导以及连接各功能分区。根据城池轮廓和内向交换空间的位置，决定城池内部道路系统格局和功能分区以及公共、生活空间位置。

布局：根据城池内部景观交换特性，组织线形道路空间，并通过隔、阻、放、收等手法进行各种空间巧妙地转换，配合外环境对内的景观辐射进行功能分区，并注重街景的转换，使其景观变化丰富。

空间组合构成：

（1）阻碍转折空间

因同层次空间的导景或回避不利景观空间的需要因势利导，采用 T 和 L 形道路空间障景阻隔，引人入境，连接主要的街市、广场、码头、娱乐等公共空间。

（2）转向引导空间

因障景、隔景或山势地形需要，曲线形转向导景或引入其他层次空间。

（3）收敛引导空间

因山势地形需要或回避其他层次平淡景观，利用屋檐轮廓而采用的直线性街巷远处收敛于外环境的引导空间。

（4）阻滞停留空间

集会、集市、休闲、庙会、纳凉等公共活动空间（图 2-12）。

转向引导空间　　　　　　　　　　　　阻碍转折空间

阻滞停留空间　　　　　　　　　　　　收敛引导空间

图2-12　内环境空间—分类组合

3. 内（活动）空间

属于第三层次空间。

是由公共空间链接转换到生活的空间，指被包围或隐藏于城池内部的人居生活活动空间，属于城镇内部的居住生活空间，供城镇居民生活通道及居住活动使用，与城镇内部居民生活密切相关，主要供城池居民生活通勤及居住活动，丰富和充填城池内部空间内容。

组成整体的个体多样性是环境形态多样性的基础。在生物有机体中不存在形态构成完全一致的个体。受遗传与进化规律的支配，个体表现形态的差异性是生物有机体的基本属性。小城镇空间环境中存在着不同年代、不同样式风格、不同材料构筑的建筑物、标志物。这些风格各异的建筑和标志物是在时间的推移过程中逐渐演变、进化的结果。它们身上附带着浓厚的时代特色与地方文化特点。这些形式多样的建筑是小城镇空间环境形态多样性的基础。小城镇空间的构成形式成分为：建筑围和、标志物暗示、古树荫蔽、行为习惯自发形成等，空间形式多样（转换空间，引导空间，滞留空间，消费空间，生活空间，弧形空间，带形空间，点状空间）。

范围：被包围或隐藏于城池内部的人居生活活动（私密）空间。

功能与作用：供城池居民生活通勤及居住活动。丰富和充填城池内部空间内容。

布局：分布于各种巷道分隔的街坊空间。

空间构成：

（1）转换连接空间

不同层次间的转换空间，与内环境空间一般呈为 T 形连接，为院落连接主要街巷的生活通道空间。

（2）院落空间

居民私密生活居住空间。大规模景观型院落可直接连接内环境空间（图 2-13）。

图2-13　内活动空间——转换连接与院落空间

2.5 逆向空间的行为属性及特征

2.5.1 行为空间的定义

附于某物质空间中的行为属性和特征表现，我们也称为"行为的空间"。空间中的行为是指地域中非物质文化在当地的行为空间中人的具体活动表现。当物质和行为（非物质性）两种空间通过某种物质空间元素连接，便从空间序列上反映出各自的性质。

行为空间的发展和分布，也顺应着城镇逆向空间的有序生长而发展。在行为空间分类组合中，首先是生活空间的形成与满足，随着人的群体所产生的行为活动形式和种类的不断扩大而逐渐扩展，再有了人的行为表现空间，继而再完善了行为交往空间。但是空间的发展并非盲目的扩展和延伸，这还与城镇空间演进的时间性息息相关。随着时代的进程，人们的生活方式与人际交往日益多元化，在城镇空间的演化中必然不断形成新的各种生存、表现以及交往等行为空间，并会变得愈加丰富多样，以满足人们的多样联系、交流，以展示各种行为的需求。

布鲁诺·塞维在《建筑空间论》中很强调人的因素和时间的因素。他认为美观的建筑就必须是其内部空间吸引人且令人振奋，在精神方面使我们感到高尚的建筑。建筑的内部就是围绕和包含我们的空间，决定了建筑物审美价值的肯定或否定。"空间——空的部分——应当是建筑的主角，这毕竟是合乎规律的。建筑不单是艺术，它不仅是对生活认识的一种反映，也不仅仅是对生活方式的写照；建筑就是生活环境，是人类生活的舞台"[19]（P10）。

2.5.2 行为空间特性

空间的行为属性是指在逆向空间序列的形成中有关人的行为活动和为其服务的空间性质。行为空间涵盖了对人行为的约束空间部分，它同样是逆向空间组合中的重要成分，是随着逆向空间的持续演化而相融合的一种空间结构。行为空间具体指人们和外界的交流空间，这些空间为人提供了有序的行为活动场所。城镇空间应该是由人不断创造出来的、为人提供各类行为活动的自由空间，是相互联系的网络。在城镇的长期发展中大小宽窄、收敛发散的不同形式空间，组成了内空间网络格局。而行为的空间属性主要反映了地域非物质文化在当地的行为空间中人的具体活动的表现。

行为空间包含各种各样的人的行为活动，行为的性质可以决定空间的类型，例如，人们进餐的行为必定会发生在餐厅空间中；看书学习的行为也必然会在教室或图书馆的空间中产生。良好而有效的行为空间是纽带，它能将城镇中各种物质空间有机的组织在一起，进一步形成人们在空间感觉上所产生的内在行为（心理行为）和外在行为（表现行为或社会行为）之间的一种联系和表现。空间在一定程度上也会影响人的内在行为，不同的空间使人产生不同的心理感受。人们自身的内在行为会体现在外在行为上，而且人的外在行为反过来又会对外界空间的形态进行改造，这就是人的行为、心理与物质空间的交流，正所谓"心想事成"。城镇的每一个空间，都是依靠人的行为来控制它是能否存在。在物质空间还没有建立的最初阶段，首先是依靠人的内在的心理行为，臆想需要什么样的物质空间来做什么样的事情（行为）？然后对应"心想"的空间成立后，心理行为就转变为外在的表现行为的特性，最后又反过来对外界空间形态进行影响。例如，需要计划建设一个戏剧演出的舞台空间，那就会按照这个想法去布局场地，生成一个演出的舞台空间，然后开始并实施了一个与之对应的人的表现行为，那就是演出行为。这样的结果，就建立起了附于空间的行为属性与物质空间二者之间的联系和交流。这种空间与行为的关系也就建立起了对应融合和彼此的联系，就会被认为是有效的空间和行为。倘若在历史时期，曾经置身于对应环境空间中的四合院落空间，到现代却被更新改造成为商品市场，改变了空间的非物质属性，空间与行为不再匹配融合，这种空间行为就是无效的行为空间，就失去了原生态的历史文化环境内涵和灵魂，这种文化遗存也许就变得毫无价值和意义。这就是为什么我们在城市更新改造或者历史城镇保护设计中，应该引起高度重视的原因所在。

空间的行为属性，其实质就是空间必须有行为的发生，没有人活动的广场，再大也无用；没有人气的影院是不会继续存在的；没有人的空间一定是废墟；没有人的行为活动那只能是荒郊野外和无用之地。

在逆向空间序列组合中，其人在空间中的行为属性具有不同的表现特性：

（1）相对于外环境空间的行为特性表现

认识依赖——寄希望于山水环境格局，力求安全、稳定、长久；

视觉依赖——直观风景秀美的青山绿水景观，对景、借景、夹景，视线通透；

情感依赖——精神寄托于观赏、游览、吟诗作画，寻求轻松、愉悦；

（2）相对于内环境空间特性表现

生活依赖——立足生活、劳作、居住、活动。

行为空间的发展和分布，也顺应着城镇逆向空间的有序生长而发展。在行为空间分类组合中，首先是生活空间的形成与满足，随着人的群体所产生的行为活动形式和种类的不断扩大而逐渐扩展，形成人的行为表现空间，再完善行为交往空间。如黄龙溪古镇清代时期行为空间的分布，反映了几种行为空间与物质空间类型的融合表现（图2-14）。

但是空间的发展并非盲目的扩展和延伸，而是与城镇时空性息息相关。随着时代的进程，人们的生活方式与人际交往日益多元化，在城镇空间的演化中必然不断形成新的行为空间，表现及交往行为空间则会变得愈加丰富多样，以满足人们多种联系、交流以至展示行为的需求。

图2-14 古镇行为与空间对应分布

2.5.3 行为空间分类

结合逆向空间设计中的空间行为属性特点，将历史城镇中的行为空间分为生存行为空间、表现行为空间和交往行为空间（表2-3）。

逆向空间序列组合的空间行为属性分类　　　　　　　　表2-3

	行为空间类型		空间的融合特性	空间作用
行为空间组合	生存行为空间		融合第三层次院落空间、转换连接空间 收敛属性、无序性（随意、散漫）	居住生活，属于人的私密生活内敛空间
	表现行为空间	交流行为	融合第二层次阻滞停留空间 开放属性、有序性（展示、表达）	行为文化与人际交往表现，展示人的各种外展行为。常表现与充满在广场、市场、交易、文化活动、休憩场所、工作等空间中
		休憩行为		
		劳作行为		
	交往行为空间		融合第一层次边缘交换空间 属于交换性的依赖行为	属于对外的联系交往行为，发生在城镇空间与外环境的接触界面。常表现在城门、车站、码头等空间中

（1）生存行为空间

在逆向空间的组合中，融合于第三层次的内生活空间，如院落空间中的私密性生活行为表现；转换连接空间中的行进行为、过程行为等表现。生存行为的特性一般表现为由动向静的收敛属性；生活事件的无序性；生活种类的随意性以及生活放松的散漫性。生存行为空间属于人的私密生活内敛空间，它与城镇居民的生活息息相关，包括一些居住组合形成的院落等，都具有一定的私密性（图2-15）。

图2-15　逆向内生活空间环境中的生存行为空间

（2）表现行为空间

融合了逆向空间组合中的第二层次空间下的内环境空间，如阻滞停留空间。空间的特性表现为行为的开放性、有序性、展现和表达性，属于人们行为文化与人际交往的表现空间，主要展示人的各种外在行为。如广场聚集、市场交易、文化交流、休憩漫步以及工作劳作等空间行为（图2-16，图2-17）。

图2-16　逆向空间内环境空间中的交流行为空间

图2-17　逆向空间内环境空间中的表现（休憩与劳作）行为空间

（3）交往行为空间

与逆向空间中的第一层次下的边缘交换空间相融合，属于一种交换性的依赖行为空间。位于城镇内空间与外环境空间的联系交往的接触部分，是居民发生固定性公共性行为活动的对外行为交换、交流的空间，主要包括城镇的城门、车站、码头、道路等空间中的行为表现，具有公共行为的可交换性。主要特性表现为行为的有序而固定以及行为的程式化。

2.6 逆向空间的时间属性及演化特征

2.6.1 城镇空间的时空特性

逆向空间组合中的时间属性是指历史城镇在时间长河中不同时期积淀下来的各种文化传统和形成的历史文脉，它是经过时间演化出来的每个时代的城镇文化特征。时间的演化也会带来不同的文化进步和发展，因此空间也会打上历史的烙印。这也是城镇物质空间中最珍贵的部分。对于历史城镇物质空间及其风貌多样性的塑造具有重要的作用。逆向空间中的时间属性在城镇空间演化中是起决定性作用的因素。不同时期，城镇空间会产生和表现出不同的自身精神与气质，它无疑是历史城镇保持自身特色和历史文化形态延续的基础。

逆向空间的时间属性肩负着历史文化传承的作用，主导着一座历史文化城镇的物质和非物质空间的演化与生长。随着城镇空间的不断演化与发展，都会留下各个历史时期的时空印迹。特别是一些发展时间较长而且时代鲜明的时期，其各种物质文化和风格极易保存下来，因而会产生不同物质文化背景下的城镇空间特征。这种就空间特征，在逆向空间的有序性形成理念的引导下应该具有和谐的延续性和关联性，使其虽然经历不同岁月融合了不同的空间风格，却不失和谐的空间组合特征。所以，它们的时空发展必须是有序和连续的，才能有效地保存自身可持续发展的优势特色，始终保持着与自然环境的优美结合和生动宜人的内部空间格局。如果小城镇在时空的演化中，能延续逆向空间景观的序列组合，则认为保持了逆向空间的持续性，称为"逆向空间生长"；倘若阻滞了逆向空间的持续发展，称之为"逆向空间消失"。

图2-18示意了一个自然生长的历史城镇空间。随着时光进程演化发展，从过去到现在，再到将来，城镇的空间网络会发生不同的变化。上图表现的空间在各个时期发展中，顺应了历史时期空间的发展趋势，良好地保持了空间的连续性和与外环境空间的景观视线通透性。空间演化连续流畅，新老、内外的空间形态和谐一致。下图的空间演化的表现，就十分令人失望，空间网络被截断或受阻，空间不再连续，空间组合也十分混乱。因此，"逆向空间消失"。

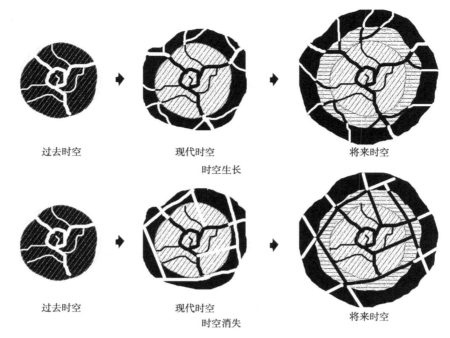

图2-18 城镇空间形态的时空生长与消失演变模式

附于逆向空间的时间属性也要随着空间一起演化生长，它在一定时期内起到有效的作用。当逆向空间的生长停滞，也会随着物质空间和行为空间的消失而间断（图2-19）。因此，我们保持历史城镇空间的有效演化，其时效性也是很重要的因素。

四川成都黄龙溪古镇的景观空间就具有明显的逆向空间组合特征，它在经历了数百年的时空演进中，景观空间的不断延伸基本上顺应了逆向空间的组合特征和持续性发展。但是，也有一些局部尽管延续了所谓的逆向空间生长，却没有很好地遵循逆向空间的序列组合原理，使后来发展的城镇空间不同程度地出现了空间的阻碍和消失，形成了不利空间的堆积，影响了逆向空间的可持续性演进。特别是新时期建设以来，

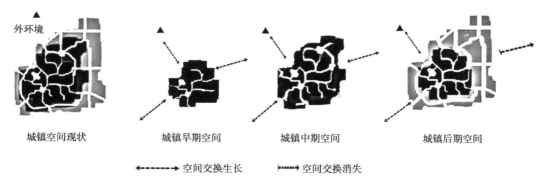

图2-19 城镇环境空间时空演化与空间生长或消失

由于对逆向空间的原理认识不足，或缺少分析研究，使得逆向空间景观的延续性不断地受到破坏。

　　黄龙溪镇明末清初建场以来，其逆向景观空间大致经过了清代、20世纪50年代和现代几个大的发展阶段，时空特征非常明显（图2-20）。东面临水的旧街区，由于有对岸二峨山广角的景观视线和东北角王爷坎的景观交换，自清初形成以来，外空间与内空间的连续性一直保持较好。而地势平坦的南面与被牧马山视线遮蔽的西面不利于发展景观空间，因此空间上一直表现为收敛和阻滞转折特征（图2-20左）。20世纪50年代，主要在东南临江一侧筑路建房，改变了边缘空间，同时也形成并延续了收敛空间，逆向空间的格局得到较好的持续发展（图2-20中）。到了20世纪90年代后期，为了满足城镇化和旅游业发展的需要，临古镇区的西北两侧分别建起了仿清街区（图2-20右）。西侧一条大弧形、大宽度的街道虽然属于阻滞转折空间类型，对西侧景观的阻滞作用依然明显，但却与逆向空间组合规律极不协调；而北侧新规划建设的街区，不仅规模范围大，而且在空间规划设计上根本没有抓住时间维特征的实质性，仅有中间笔直的主干道可以解释为北向景观视线的延伸。街区以横平竖直的道路铺开，空间结构和特征完全违背了逆向空间序列组合的延续性，宜人的空间尺寸也不复存在，其空间功能只为满足观光旅游功能，实属急功近利所致。

　　有一些历史城镇在演化发展中，局部的空间尽管延续了所谓的逆向空间生长，却没有很好地遵循逆向空间的序列组合演化规律，使后来发展的城镇空间不同程度地出现了空间的阻碍和消失，形成了不利空间的堆积，影响了逆向空间的可持续性演进。特别是在现代一些古城镇和城市中的历史街区建设中，由于对逆向空间原理的认识不足，或缺少相关的分析研究，致使逆向空间景观的延续性不断地

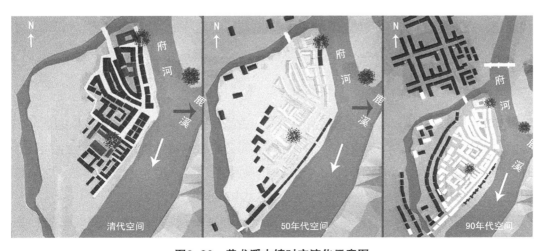

图2-20　黄龙溪古镇时空演化示意图

图2-21　古镇新区与老区的空间消失与空间生长及其改造

受到破坏。如图 2-21，左图明显地反映了新区和老区空间的不和谐。图中灰色部分为留存的清代历史街区，白色部分为现代建设的仿古街区的空间格局。由于缺乏对历史空间的认识和研究，致使新老区的空间发展不连续、不和谐。这样也极不利于古镇的保护和打造。中图为仿古街区的宽大马路和笔直的大道，其空间效果完全与中国传统倡导含蓄、曲折、雅致、和谐、空间尺度宜人的空间理念格格不入。

　　图 2-22，重庆某山城一山顶广场的景观节点。该广场明清代以前还为城池郊外的一处大型风景节点。从 20 世纪 30 年代至 80 年代末，广场分别有三处视线廊道与外环境的风景古迹进行景观视线的交换。当时站在广场中央便可通过广场周围留出的视线走廊，一览长江、轮船、白塔，西山古祠，汉代古山寨、古道观等外环境景观。直到 20 世纪末，城市发展与建设开始忽视景观空间的作用，四周高楼逐渐围合阻挡，留下一个天井般的广场空间，成为如井中之蛙的功能空间的典型，再也不见外环境优美的景观，严重地破坏了空间的生长，造成了逆向景观空间的逐步消失。图 2-22 为历史时期空间视线消失的对比示意。

　　根据逆向空间原理，对于任何一座城市，都可能利用主要广场和主要景观节点，与周围外环境进行景观交换，或者说，都可以根据外环境重要景观给城镇内部留出视线通道。大到城区广场和路网布局，小到一座花园都能够加以运用。才能达到城市处处见景，处处有景可视的空间透景艺术效果。

2.6.2　城镇历史形态的时空演变

　　如图 2-23，清代以前的一古城空间格局。古城的空间形态呈四方形，根据外环境空间景观确定空间出入口景观视廊，确定内空间各层次间架结构，在内环境空间设计时，同时考虑功能和存在的景观。这种格局即是我们所定义的逆向空间形态。在城墙的四面各开城门一座，把远处的秀丽山水揽入古镇视野之中。

　　图 2-24，为中华人民共和国成立后古城的空间格局。古镇的格局经历了一次大的变迁，在原来的古镇格局上新建了大量建筑，这时候政治影响作用显著。这

图2-22 某历史城镇广场周边景观视线古今对比（左为消失）

时期拆除了大量古建筑，新修建筑和街道是清代时候的三到四倍，传统空间格局几乎消失，仅在角落里保留了几个片区，但关联性很弱，逆空间格局由清晰转向弱化。

图2-25，2006年，古镇在全国古镇旅游升温的大背景下做了一次规划。这次规划主要达到两个目的：一是还原古镇原貌，二是满足现状生活生产需要。选择性地恢复了古街道、把中华人民共和国成立后改建的建筑改回原貌、对于将要坍塌的古建筑重新仿建，这次规划对昭化古镇未来的发展起到了积极的推动作用。

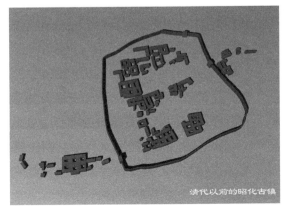

图2-23 清代时期的古镇空间格局

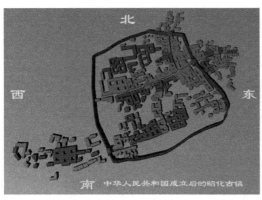

图2-24 中华人民共和国成立后的古镇空间格局　　　　图2-25　新时期的古镇空间格局

2.7　逆向空间的多维属性整合

历史城镇空间的形成，同时依赖于自然因素和人为因素，依就自然空间与生活空间的巧妙结合来逐渐生长完成自身的空间结构。它们首先依赖于外部自然地域生存环境，巧"借""引"优美的自然和景观资源，形成独特的外空间格局；其次则依赖外空间的存在，在内部充分融入内与外的组景关系，逐步生长其自身的生活、交往、行为等内部空间单元，最终完成自身特有的宜人空间尺度和格局。

2.7.1　空间多维整合研究内容

1. 研究人的生活行为融入的生长空间

古镇行为空间是生活于其中的居民长期生活行为方式的物质表现，其形成是有一定原因的。在对古镇行为空间的整合修复中需要强调对当地居民生活行为的研究，正是这些行为方式决定了古镇现在的行为空间。在对其整合修复中要注意挖掘因人的行为活动参与共同形成的历史内涵与文化传统，以此作为古镇自身特色的塑造点，以保持古镇空间的自我特色，避免千城一面。并同时注重城镇自身文化特色的更新，也即城镇自身文化的发展俱进。

2. 研究物质与非物质性的相互融合

在对古镇多维空间进行整合的过程中要注意对其自身物质性与非物质性文化的挖掘，让其物质空间符合古镇自身的行为空间特点，同时又能体现古镇时空的延续性。物质、时间、行为三种空间文化的不断交融合演化，是古镇风貌的决定元素，它们之间必然的秩序关联具有不可分割性与和谐性。空间格局和谐演化即生长，空间格局违规破坏则消失。这与古镇风貌的形成与持续发展息息相关。只有将古镇多维空间特色保持、发展与演化，这样的古镇建设才能因地制宜、各具特色，并且为各地人民所接受。

3. 研究历史空间与时间的延续关系

古镇空间特征保护特别要注意历史演变与时间的关系。古镇多维空间中的时间维度扮演着物质空间更替演化的角色。空间生长过程遵循由外部空间影响内部空间，由表及里的景观空间生成序列和次序。它不是以重点考虑城镇功能来进行城镇空间设计，而是首先或者同时考虑依赖外环境和景观等自然条件的客观存在，布局和改造城镇空间网络间架，以构建人与自然和谐的，供人们生活、劳作、休息的优美环境空间。

2.7.2 空间多维性组合及其表现特性

城镇特色的塑造，从景观形象上分析根源在于这座城镇的空间，它应该是物质空间、时间以及人的行为三方面的有机组合而形成的多维性的空间整合。它们既有属于自身空间的序列组合，又有在时间长河中的历史文化积淀，还有演化过程中人们的行为的渗透，共同形成一个和谐统一的有机空间系统（图2-26）。而这以系统却是建立在特定的自然地理条件和环境之中，蕴藏着悠久的历史传统文化内涵。因此，逆向空间原理则为历史城镇空间多维融合的基础。

物质空间聚合扩张性 – 时空持续有序不可逆性 – 行为空间渗透多样性

图2-26 逆向空间多维属性组合的表现特征与演进

历史城镇逆向空间的物质性、行为性和时空性融为一体，形成有机组合，彼此相互作用，共同演化（图2-27）。在历史城镇及一些传统小城镇中，其空间构成就具有这种多维性，而逆向空间便是其多维属性中的物质形态，它是空间行为和时间属性存在的基础，也属于一种物质的景观空间。

表2-4中列出了逆向空间组合序列中空间与属性类型及其多维性整合的表现特性。只有三种空间属性完整的组构结合，才是城镇空间的正常发展途径。它们整合的表现才会有真正意义的城镇山水般的环境景观格局。仅仅只有现代建筑的堆砌，即使是标志性的地标建筑和华丽的街道，却没有延续历史时期的外环境景观与内部的交相辉映的空间组合，也就是没有城镇空间在时间上的演化延续和发展，也会造成城市自然环境景观的破坏和消失。同时，一个城市缺乏人的生活和人文活动的充实和渗透，城市空间就显得十分苍白。

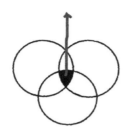 

人的各种行为交融形成行为空间　　视觉交融形成逆向物质景观空间　　历史演化形成时间空间

图2-27　逆向空间多维整合的空间交融性

因此，在我们进行城镇空间规划设计过程中，只要遵循逆向空间的多维性的基本发展规律，城镇历史文化风貌的多维整合特征就得到留存和持续地展现。反之，历史城镇本应具有的和谐优美空间形态也随之湮灭，城镇空间的多维整合特性就会受到逐步分解直至消失。

逆向空间组合的多维整合特性　　　　　　　　　　　　表 2-4

空间类型	表现特性	作用
物质空间	聚合性、架构性、整体性	控制环境空间构成与空间组织，影响环境空间的可持续发展和景观风貌
行为空间	发展性、扩散性、多样性、渗透性	控制环境空间内涵发展，丰富空间内容，促进空间充实生长
时间演化	连续性、延展性、持续性、合理性、不可逆性	控制环境空间的延伸，持续空间有效生长或停滞空间破坏消失

因此，空间的多维整合应该是各类空间持续表现为相互的交融和生长，而且在城镇雏形期，就能在逆向空间设计原理的引导下，连续而有序地按照一定规律共同的发展演化，始终保持一个和谐的整体组合和变化。

一个城镇形象特征的建立便是这种多维性空间组合的具体表现，而物质文化和非物质文化元素就在这样的多维整合空间中不断的演化和延续着[20]。当然，空间发展的延续性和时空、文化的持续性，需要包含于多维空间的良性演化之中，一旦失去其延续性，极为可能造成景观空间和文化传统的遗失、间断或影响。所以，一些历史城镇虽然经过悠久的演化发展，现代化元素充斥其中却依然韵味犹存，空间变化不大，或者空间的发展延续遵循逆向空间的原理。

研究认为，逆向空间设计的基本思路是传统城镇，特别是历史古城镇形象表现的基础，也是空间多维性整合要素的根本。空间的时间属性和行为属性都包含其中，依赖于基本空间的存在而生长、发展和延伸。如图 2-18 和图 2-14 所示，古镇黄龙溪旧城中心，属于清朝至民国时期的老建筑街区，空间格局较为合理，符合逆向空间的组合规律。图 2-14 西侧长弧形街道紧邻老区，是 20 世纪 90 年代末起逐渐建成的新仿古街区，主要以配合古镇的旅游发展设置的旅店餐饮以及居民住房建筑，但因为街宽房低，高宽之比明显失调。在街道空间平面上，尽管延续了弧形的转换引导空间特征，对西侧不佳的景观也产生了隔离阻滞，可是由于弧度过大，又缺少交叉、转折、阻滞等空间连接，显得空间冗长、单调。更由于街道高宽比例不协调，失去了对人的吸引力，制约了行为空间的

图2-28 黄龙溪古镇新旧城区空间格局

有效生长，使得这一带自建成以来非常冷清、萧条，旅游服务也难以经营支撑，而成为被人的活动所"遗忘的角落"，很可能造成今后行为空间的萎缩甚至消失。20世纪90年代，随着古镇的加快发展，新一轮规划与建设实施后，现今的古镇规模越来越大。原古镇区以北已成为发展旅游观光而开发的现代仿古建筑新街区（图2-28中白色部分）。遗憾的是，与原古镇仅一桥之隔的新街区，没能很好地沿袭逆向空间环境，过分地追求现代城镇空间网络格局，破坏了逆向空间组合联系的可持续性，其结果形成现如今南北环境空间各自为政、形断意失的不和谐空间格局。前年，开始对古镇北面的新区街道景观空间进行了适当的处理和补救，改变了原来的数百米笔直宽敞的街道空间面貌，在原街道中间设计了弯曲的水流和绕水而行的游步道和小桥，以隔景转景的步移景异的效果重新吸引人们，与古镇旧区的逆向空间形态取得了较好的协调（图2-29）。

图2-29 黄龙溪古镇新城区主街道空间改造前后对比

2.7.3 空间多维性组合的保护

目前，对于历史城镇的保护基本上还是侧重其物质空间层面，如对建筑单体、建筑群、建筑内部空间的保护等。然而，由于城市发展演化的时间的不可逆性，原本历

史上一座城市的整体景观空间形象却可能因为城市的发展建设受到破坏。现在的人们很容易忽视城市所处的周边的大环境，它们往往是城市山水环境和生态环境。由于人口的数量增长和城市化的推进，在规划和建设中，也常会偏重对城镇功能的需要，使得很多城镇景观空间逐渐消失。

显然，对一幢有价值的建筑采取单纯的物质及形态保护，其结果却会失去该建筑所处的特殊环境空间。这如同一个人离开自然特定的环境，也许就无法生存一样，当一座建筑离开了原来环境的位置，尽管采用原物迁移也很难再造建筑形态附于环境空间的"魂"。"丞相祠堂何处寻，锦官城外柏森森。"倘若现在的武侯祠依然还在柏森森的怀抱岂不更好？！现如今它却被四周高大的现代建筑所包围，昔日幽美的景色荡然无存；而奥姆斯特德在 100 年前对纽约中央公园的预言，却给予我们以启示。

因此，保护好物质的景观，更应该注重景观的时空和环境。在城镇发展建设中，空间的设计建立要结合物质空间在时间上演化及其其演化的连续性，要让景观空间伴随城镇可持续发展；要注意保持景观空间的生长而避免空间的消失。

逆向空间的多维性整合，应该是各类空间相互的交融和生长。而且在城镇雏形期，就能在逆向空间组合的引导下，逐步有序地、按照一定规律地发展时间空间和行为空间，始终使其成为一个协调的整体组合，相互影响和促进空间和谐变化。

一些历史城镇在现代化建设中，由于缺乏科学地规划设计和保护，失去了大量有价值的历史空间，让人后悔不已。不能让仅存的有价值的历史空间消失，我们不仅仅是在保护物质，更是在保护历史文化。因此，仅仅单纯意义上的保护古城镇建筑和古街区是不够的，还应该切实保护包括城镇在内的外环境空间。因为逆向空间原理揭示了城镇空间的形成是由外空间到内空间的连续发展，历史文化成为二者之间的联系纽带，也是空间得以持续发展的灵魂所在。所以逆向空间不仅仅是物质的，更是包含人的行为在内的非物质文化的生长基床。

在现代城镇的规划设计中，为了创出特色，很多学者都在运用国外的城市设计和景观理论来研究中国的城市空间形象，其实更多的是在套用理论盲目地进行分析应用，研究中尚未完全触及到中国本土的历史文化内涵。很显然，仅仅用形式美法则是不能真正解决内练气质的，我们历史城镇形象的真正特色需要我们去找寻她们自身的地理环境，去挖掘她们各自的历史、文化、民俗等内涵，让她们在多维空间的整合设计与建设中永葆生命力，那才是保护和建设历史城镇的必由之路。

应该说逆向空间是一种特定条件下和历史时期的设计思想，然而却具有可持续发展的运用特征，值得我们在历史小城镇的改造和建设中发扬和借鉴，同时对现代小城镇规划建设中景观空间的创造和保留也有很大的指导意义。

2.8 逆向空间分析方法

2.8.1 逆向空间设计的优越性

（1）创造优越的空间环境；

（2）建立和谐的人与自然的关系；

（3）创建富于人情味的情感与交往空间；

（4）确立宜人的空间与尺度和亲切感，无心理压抑感，让人愉悦、轻松；

（5）产生优越的环境效益、社会效益和经济效益；

（6）具有合理的景观空间组合以及视觉空间的创建序列和层次；

（7）提倡尊重自然，利用自然，回归自然，融入自然的空间生成理念，获得天人合一的效果。从而传承悠久的历史文化和生活习俗，创造环境与人、空间与人的可持续的，优美的景观和生活环境。

2.8.2 逆向空间的研究条件

（1）收集和具备城镇历史时期留存下的确定性的城镇空间、历史等相关资料；

（2）调查收集城镇历史上未经过大的变化的城镇空间元素、素材或空间历史遗迹；

（3）发现城镇历史时期未经过度改造的内、外大小环境自然景观格局；

（4）对现代古镇的仿古空间，调查须去伪成真；在研究恢复古环境空间的前提下，对进行有历史价值的核心区进行仔细研究。因为许多的仿古空间并没有遵循古代对古环境空间（比如逆向空间序列组合）的认真且科学地考虑，难以真实地恢复或获取古环境空间的景观面貌；

（5）需要认真、仔细查阅大量的古书籍、历史县志以及对人文历史的调查研究。

2.8.3 逆向空间的分析方法

根据逆向空间组合原理和模式，我们可以利用其对历史城市、传统小城镇或传统村落开展空间保护规划与设计，并对现代城市空间、新村规划与设计开展指导。

第一步：遵循外开敞，内含蓄的和谐原则，首先利用外环境空间景观元素分布方位，根据外、内空间交换的景观视域和视线范围确定主要城镇、村落、居住小区、园林等地块的主要对外出入空间的位置。根据逆向空间的设计原理，使得地块主要出入口空间的视线首先具备对外环境空间风景的对景、借景效果。

第二步：继确定了地块的主要开口和主要边缘空间区域后，设计布局地块内部的各种空间，力求依山就势，充分利用转折、阻碍、转换、停滞、收敛等逆向空间布局手法，设计地块内部各级道路空间网络。

第三步：将内空间进行不同功能分级，特别是结合城镇功能进行人的行为空间协调分布直至私密的生活空间详细布局与设计。

运用逆向空间原理，指导城镇的空间设计与景观空间的布局，既具有景观视线的相互借用，具有开敞的背山面水的景观效果，又能表现出含蓄的曲径通幽、峰回路转的空间变化，还能获得和谐宜人的空间尺度；运用逆向空间方法设计，会使得城镇空间变得亲切、舒适、自然、和谐；让景观融合于天地之间，意境渗透于人心肺腑，让空间产生极佳的意境、情境、物境的优美环境美感。

2.8.4 城镇空间研究与设计方法对比

逆向空间原理与设计方法，来源于对古代城市历史文化的认识与研究，也更贴切地运用于对历史城镇的空间保护与设计。但对现代城镇规划建设而言，提倡在更多地满足城镇功能空间结构的规划设计的同时，能更好地借鉴逆向景观空间序列组合的利用，为现代城镇建设提供参考和设计思路（表2-5）。

城镇空间设计思路对比及其特征表现　　　　　　　表2-5

思路次序与过程	历史城镇	现代城镇
一	分析外环境景观空间的存在进行选址	依据自然和地质条件进行选址
二	依赖外环境空间，采用对景、借景手打，选择主要通道，并而引申形成内空间街巷格局	依据城市功能与用地性质进行道路系统的空间规划与布局
三	根据内外景观的呼应和关联引申布局内生活空间与其他空间	按功能分区并进行地块分类布局
四	进行内、外景观空间呼应融合、协调设计与发展	进行城区内部各独立地块单元的景观规划与设计
整体过程	外景观——内城格局——内空间与景观形成，整个环境过程协调统一、连续、有序	选址建城——确定路网——分区布局——局部景观优化，景观与外环境无联系，采取景观环境独立的点式优化
特点	景观设计理念贯穿始终，内外环境呼应顾盼，纵、横向景观空间层层相联、有序，突出显现人与自然大环境的协调统一。内、外多层次空间景观有机联系	根据城区内公园、居住区、道路等各地块单元需要，见缝插绿，独立景观空间，景观空间缺少纵横向联系。平面上的园林景观设计布局，显现局部的空间效果

第三章

逆向空间设计运用实践

3.1 昭化古城逆向空间生长分析 [16]

　　历史文化及传统古镇，基本上皆属于自然生长的小城镇，它们的空间形态是当地居民长期生活的行为方式和文化积淀的物质表现，是城镇中各物质要素的空间位置关系和用地在空间上的布局特征，具有物质与精神的双重属性。它们经过漫长岁月的洗礼，历经了较缓慢的变更过程，延续了各个时期的空间形态，往往具有较高的文化品位。因此，在这些小城镇的建设和发展中应该注意保护传统格局，延续空间脉络。

　　中国传统的城镇格局受到两种城市形态思想的影响：一是布局追求规整、方正，城墙围合，路网呈方格网状，具轴线对称效果；二是倡导自然的哲学，居住环境应和自然环境相协调。在古代的城镇建设中，人们总是可以利用环境条件达到理想的居住目的，而且由于因地制宜，顺应山势、水势，布局自由灵活，具有独特的街道空间结构，形成了独特的景观风貌。

　　这些城镇，依据环境和生活需要逐渐演变而成，空间曲折蜿蜒、步移景异，极富生活情趣，具有亲切宜人的空间尺度和环境氛围，强调街道对内对外的对景、框景、组景作用，形成丰富的景深和层次。那么这种和谐尺度和景观空间如何形成？

　　通过逆向空间序列的研究，可以帮助我们寻求古环境空间的形成规律，以及恢复古环境空间的多维性，探索古时空天地人之间的和谐关联，为切实保护和开发历史文化和古城镇提供建设依据。

3.1.1 昭化古城环境空间概况

　　昭化是中国古蜀道上一座具有两千多年悠久历史的古城。由于特殊的地理位置，既是交通要塞，又为军事重地。自秦汉以来，特别是"三国"时期，兵家征战频繁，在此留下诸多遗迹，至今仍完好保存东、南、西、北四向城门和古城墙。昭化古城面积16公顷，为不规则四边形，略成圆形。东、西、北三条长街贯穿南、北、西，五条小巷穿过半边城（图3-1）。古城廓内大街小巷一律以青石板铺成，整齐平坦；街道两侧为保留较为完整的明清建筑，多为穿斗木结构、小青瓦，具有古朴风味的川北名居。古驿道由桔柏渡过河进东门经正、中、西三条长街穿西门而过，至剑阁 [21]。古城实为依山临水的山水之城，风景秀美（图3-2）。以此为例的昭化古城空间格局严谨，外环境和内环境景观的空间架构井然有序，顺应"天人合一"的布局理念。古城景观空间层次尽显，时空交错泾渭分明。整个古城的景观空间设计理念，具有外环境决定内环境，外空间引申内空间，内空间派生物质空间和行为空间的逆向空间生长序列特征。

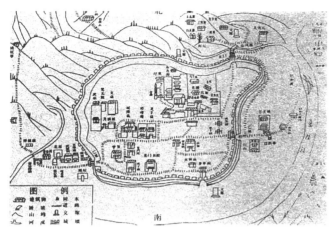

图3-1 清代昭化古城空间布局
（资料来源：赖武，《巴蜀古镇》，2003）

图3-2 昭化古城外环境空间
（资料来源：四川大学，昭化古城保护规划，
2003）

3.1.2 古城环境空间组合

古城历史文化是由历年所处的特定地理、自然历史环境所决定，从而孕育了古城的形象面貌。古城的空间发展与演化，明显地反映了外环境空间决定内环境空间的生长过程，从而形成最后的空间格局。古城逆向空间序列由外环境空间、内环境空间以及内生活空间构成（图3-3）。

受外环境空间影响的第一层次格局，依照逆向空间原理，继续生长出第二层次空间，如阻碍转折空间、转向引导空间、收敛引导空间以及阻滞停留空间等诸多小巷空间组合，形成满足城内人们公共行为活动的各种次一级空间格局。古城第三层次空间

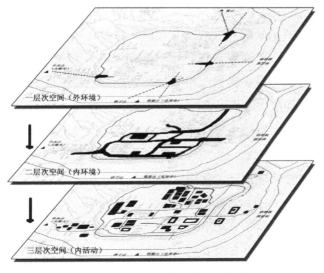

图3-3 昭化古城逆向空间序列组合

（生活空间），属于城池内部的居住生活（私密）空间，供居民生活通道及居住活动。民居间大多为曲折的生活巷道相通，整体构架为内部的生活空间。

根据逆向空间组合分析方法，我们将空间分为外环境空间、内环境空间和内生活空间三个层次。外（环境）空间主要包括：内交换空间、外交换空间、边缘空间、点交换空间等周边环境和城池围合与入口空间。它主要由自然环境条件决定其主要位置，以便顺应自然景观并协调外环境格局（如山水格局）。

（1）第一层次空间——外（环境）空间

纵观昭化古城所处位置大环境，城池经过精心选择。古城地处两江交汇处，北依冀山，前临嘉陵江水，负阴抱阳，藏风得水，是堪舆观念中的上佳格局。南面向对岸巍峨的塔子山和笔架山，从城中望去，满目苍翠；朝西远眺，牛头山、天雄关掩映云中；东窥白龙江、嘉陵江汇合处的桔柏古渡。特别可观的是，宽数百米的嘉陵江由北向南逶迤而过，呈反"〜"形在笔架、凤翼两山之间绕行，展现一幅太极山水组合图案：阴阳"双鱼"为笔架山、凤翼山，而"阴阳黑白线"即是碧绿如玉的嘉陵江水。整个图案地势辽阔，气势恢宏，有着2300余年城建历史的昭化古城则安宁躺卧在阳象的"鱼眼"之中。据记载，昭化城自公元前324年（东周时期）始建以后逐步完善，布局以县衙为核心，城门、街道、庙宇等的分布严格按照"阴阳八卦"修建。研究认为，当初在此筑墙建城除军事需要外，与周围的山水"形胜之地"颇有关联[22]。

借助对和谐优美的大环境格局的充分利用，也就逐渐确定城址内部空间方位格局的形成。城池出入口和主要街道布局就顺应外环境的自然景观方位，采用借景、对景的等景观造景手法予以对应，如案山、朝山、水口山、龙山、虎山、玄武、朱雀等的视线和位置，都是一种城镇村落依靠外环境景观的一种借景对景的景观节点和对象。因此，外环境可以确定主要出入口的空间交换，乃至内环境主要构架格局的形成。整座古城的主要景观视线内外通透，空间相辅相成，交相辉映。内外空间景观的交换既考虑了交通方位也同时考虑了借景、对景自然景观的景观视线的安排，明显地反映内依外的空间生长秩序和层次（图3-4）。

昭化城的外（环境）空间主要包括：内交换空间、外交换空间、边缘空间、点交换空间等周边环境和城池围合与入口空间。它主要由自然环境条件决定其位置，以便顺应自然景观并协调外环境格局（如山水格局）。

内、外交换：牛头山——临清门——相府街；冀山——拱极门——县衙街；桔柏古渡——瞻凤门——太守街；笔架山——临江门。

边缘交换：古城墙——牛头山、冀山、笔架山、桔柏古渡。

点交换：城门楼、天雄关、笔架山、桔柏古渡。

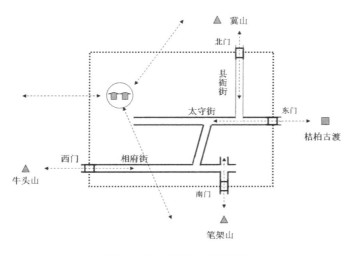

图3-4 外（环境）空间组合

（2）第二层次空间——内（环境）空间

昭化古城的内部空间布局是在外环境的景观格局影响下长期演绎的结果，古城外曲内弯，城池轮廓呈现葫芦状。城内路网由两个丁字路口，四条街道五条小巷，组成主要街道，由东至西弯弯曲曲穿城而过。古城街道尺度宜人，青石铺就，两旁铺面林立。受外环境空间影响的一层次格局，依照逆向空间原理，继续生长出阻碍转折空间、转向引导空间、收敛引导空间以及阻滞停留空间等诸多小巷空间组合，形成满足城内人们公共行为活动的各种次一级空间格局（图3-5）。内环境空间属城池围合内的公共空间，组织景观和空间转换、引导以及连接各分区。根据城池内部线形道路空间的转换，配合外环境进行功能区划，并注重街景的转换，使其景观变化丰富。

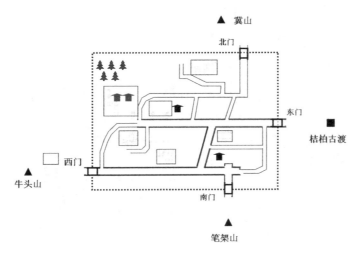

图3-5 第二层次空间——内（环境）空间

（3）第三层次空间—内（生活）空间

由公共空间连接转换到生活的空间，属于城池内部的居住生活（私密）空间，供城池居民生活通道及居住活动（图3-6）。昭化古城的民居建筑多为砖木结构，青瓦粉墙少有飞檐翘角，沿街建筑，檐口平直，二层重檐低矮，为典型的川北民居风格，显得古拙苍朴。南门巷的鲁家大院、北门口的张家大院、西门的杨家大院等均为高墙深院门楼恢宏、砖雕精细，显示了大户人家的豪华门第和森严的等级观念。院落多为二进和三进四合院落格局，民居间大多为曲折的生活巷道相通，整体构架为内部的生活空间。内生活空间组合包括：转换空间、院落空间。

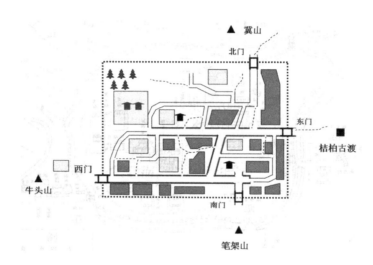

图3-6　第三层次空间——内（生活）空间

3.1.3　古城空间的生长演化

古镇的不断演化与发展，都会留下各个历史时期的时代烙印。特别是一些发展时间较长且时代鲜明的时期，其各种物质文化和风格极易保存下来，因而会产生不同物质文化背景下的城镇空间特征。昭化古镇的空间格局具有明显的逆向空间组合特点，它在经历了数千年的时空演进中，景观空间的不断延伸基本上顺应了逆向空间的组合特征和持续性发展，大多属于演变序列中的积极演变，其空间形态保存比较完好（图3-7，图3-8）。但是，在不合理的建设指导下必然会出现消极演变的情况。建筑结构的消亡和重建会破坏形式上的文化，它可以很容易的仿建和改造，倘若古镇整合环境空间随时间逐渐消亡，那就完全失去了历史，失去了文化内涵，即或是重塑了一个崭新的古镇也仅仅是个华丽的外表，真正的古镇却已经消失。

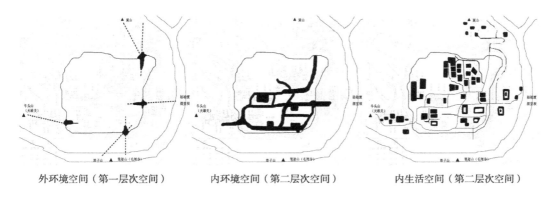

| 外环境空间（第一层次空间） | 内环境空间（第二层次空间） | 内生活空间（第二层次空间） |

图3-7　古镇空间演变格局

| 19 世纪后期 | 20 世纪中期 | 20 世纪后期 |

图3-8　古镇时间演进变迁

3.2　黄龙溪古镇逆向空间组合及其演化分析[23]

3.2.1　古镇总体格局

黄龙溪古镇，位于成都西南45公里，古名"赤水"。建安24年（公元216年），汉时武阳兼新津彭山之地，黄龙所存之地，著属武阳，故名曰"黄龙溪"。黄龙溪在两宋时，已是彭山县重要城镇之一。古镇历来就是成都南面的军事重地。蜀汉时，诸葛亮与先主共围成都，牧马山为积粮屯兵之地。黄龙溪场镇原名永兴场，原址在府河东岸的大河村境内，毁于一场大火，故又名"火烧场"。后迁至府河西岸建场，由于旧时水运交通十分发达，航运上达成都，下通重庆，一时商贾云集，经济文化相当繁荣，是水路运输的重要码头。

现在的黄龙溪古镇为清初所建，尚存古建筑多而集中，且保存较为完整。迄今保存有典型的明清建筑和七条街巷：正街、复兴街、横街、上河街、下河街、背街（现名新兴街）、巷子街（鱼鳅巷）。主要街面宽3~5米，两旁一、二层传统民居临街廊柱排列，或二楼挑台。正街为主干道，平行于府河，旧时为主要商业街。其他街巷为斜穿，或为垂直转角衔接上，空间形态自由随意。正街中段为码头，古龙、镇江二寺分别位于这条街两端。上、下河街原临府河，东端为渡口码头，中段为烟市巷，下段为水码头（图3-9）。现在临河一侧兴建了一列建筑，沿河又筑有新路。复兴巷原为小巷，民国年间改为街，风貌保留最为完整。新兴街（原称背街）与复兴街平行，近年发展了一系列仿古建筑，集中有餐饮、零售店铺。复兴街、上河街的历史建筑保存较好。黄龙溪佛教文化兴盛。原有七座寺庙，现存三座寺庙，即古龙寺、潮音寺和镇江寺，分别位于正街两端及中段。古镇四周又有四座寺庙围绕，十分壮观。镇东北观音山观音寺，镇东象山大佛寺（古名高峰寺），东南和尚山原觉寺，镇北古佛洞金华庵。

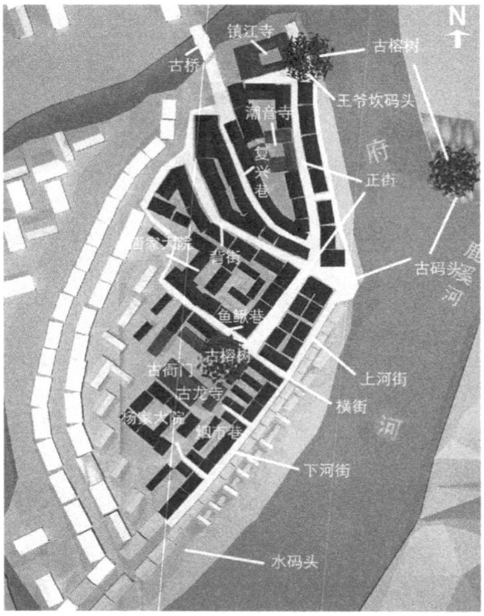

3.2.2　古镇逆向空间组合

黄龙溪古镇的逆向空间序列组合较为完整。由外空间、内空间和生活空间三个层次空间构成（图3-10）。

1）外（环境）空间（第一层次空间）

即外空间，包括周边环境和城池围合边缘或城内制高点与入口空间。即外向交换空间（内借外）、内向交换空间（外借内）、边缘交换空间和点交换空间。

图3-9　黄龙溪古镇古城区平面图

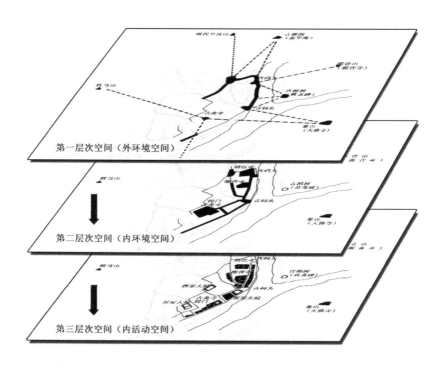

图3-10　黄龙溪古镇逆向空间组合空间层次

与周围环境围合的二峨山、牧马山、观音山、象山、和尚山相互呼应的城池内王爷坎沿堤、古码头、水码头、古龙寺主殿等地之间的景观空间相互交换。使得外周边环境景观与内边缘交换呼应，通过相互之间的对景或借景，连接内外景观空间，形成视点视线视廊。往往依赖于古城镇特殊的地理位置和自然景观环境，从而决定城池外缘格局，如轮廓、位置、主要出入口。它们几乎都顺应自然景观的依靠和借用，最终顺应自然的协调布局（图3-11A）。

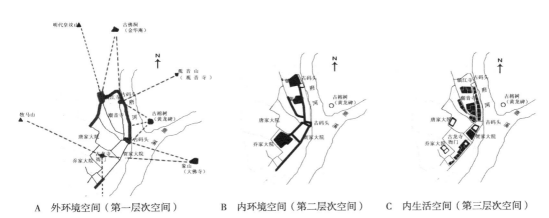

A 外环境空间（第一层次空间）　　B 内环境空间（第二层次空间）　　C 内生活空间（第三层次空间）

图3-11 黄龙溪古镇逆向空间序列组合

外空间构成：

（1）外向交换空间

设置的出入口及主要视线廊道的对外观景空间，常采用对景和借景手法。如面对的二峨山、观音山、象山、古榕树、鹿溪河、府河等对景和古迹、水体空间（图3-12中）。

（2）内向交换空间

设置的出入口以及主要视线廊道的由外对内的观景空间，常采用门户对景手法，属于一个古城镇的重要形象空间部分。如王爷坎、古码头、北古桥、水巷子、扁担巷、横街与下河街等。该空间向内生长，紧接内环境空间的转向引导、阻滞转折以及收敛引导等空间（图3-12右上）。

（3）边缘交换空间

在内空间的外围边缘呈线性分布，如王爷坎至古码头沿堤岸、上下河半边街等环带状空间，与府河、鹿溪河对边具有一定的水平视域景观范围，与外环境空间进行景观互换，具有内外交换空间的双重作用（图3-12左上）。

（4）点交换空间

古镇内空间中的古龙寺大殿、潮音寺门楼、古榕树等一些制高点与外环境空间中观景点和制高点之间形成景观交流空间（图3-12中上）。

2）内（环境）空间（第二层次空间）

被城池围合之中的公共空间部分。是古城镇内部组织景观和空间转换、引导以及连接各功能分区。根据城内轮廓和内向交换空间的位置，决定其内部道路系统格局和功能分区以及公共、生活空间位置。根据内部景观交换特性，组织线形道路空间，并通过隔、阻、放、收等手法进行各种空间巧妙地转换，配合外环境对内的景观辐射进行功能分区，并注重街景的转换，使其景观丰富多变（图3-11B）。

内空间构成：

（1）阻碍转折空间

因空间导景需要或回避不利空间景观，因势利导，采用T和L形道路空间阻隔障景，其作用引人入境，连接主要的街市、广场、码头、娱乐等公共空间。如镇内复新巷与正街，横街与上河街，横街与正街，王爷坎与正街，古桥与背街和复新巷等处的转折空间（图3-12右下）。

（2）转向引导空间

因障景、隔景或山势地形需要，常采用曲线转向引入其他层次空间。古镇中的复新巷中段、背街、正街弯曲段均属此种空间，避免了街景单调，起步移景异的效果（图3-12左下）。

图3-12　黄龙溪古镇逆向空间组合分类

（3）收敛引导空间

因山势地形需要或回避、阻碍远处平淡景观，利用屋檐轮廓而采用的直线性延伸街巷，收敛于外环境的引导空间。如镇内正街局部、现今的上河街与下河街的延伸属于此种空间类型（图3-12左中）。

（4）阻滞停留空间

指镇内集会、集市、休闲、庙会、纳凉等公共活动与交往空间。如王爷坎、镇江寺、古龙寺、古戏台等空间区域，以满足人们较长时间停留、交往的需要（图3-12中下）。

3）内（生活）空间（第三层次空间）

主要由转换连接、院落等三级空间构成。具很强的私密性。指被包围或隐藏于城池内部的人居生活活动（私密）空间，是指镇内各种巷道分隔的街坊空间。主要供城池居民生活通勤及居住活动，丰富和充填城池内部空间内容，属于各种巷道分隔的街坊空间（图3-11C）。

生活空间构成：

（1）转换连接空间

院落连接主要街巷的生活通道空间，一般呈T形连接。如鱼鳅巷与正街南端，扁担巷与正街等空间形式属于此种。

（2）院落空间

居民的私密生活通道与居住空间。一些大规模景观型院落可直接连接内环境空间。在黄龙溪古镇这样的空间较为多见，如鱼鳅巷、扁担巷、烟市巷、唐家大院、乔家大院、曹家大院、夏家大院、杨家大院等及其巷院通道（图3-12右中）。

3.2.3　古镇时空演化与消长解析

黄龙溪古镇的景观空间具有特殊的逆向空间组合特征，其空间形态经历了数百年的历史演化，景观空间的不断延伸基本上顺应了逆向空间的组合特征和持续性发展，一定程度上延续了逆向空间的生长。但由于不同时代没有很好的遵循逆向空间的序列组合原理，使得后发展起来的城镇空间都不同程度地出现了其空间的阻碍消失，形成了不利空间的堆积。

黄龙溪明末清初建场以来，其逆向景观空间演进大致经历了清代、20世纪50年代和现代几个大的阶段变迁。因东面临水，二峨山景观视线广角，以及王爷坎东北角的景观交换，古镇自形成以来，外空间与内空间的连续性一直保持较好。而地势平坦的南面与西面的牧马山视线遮蔽，不利于外向景观空间的发展，因此，空间上一直表现为收敛和阻滞特征（图3-11）。

（1）清代初期空间的消长

清代初期，自府河东岸火烧场迁至西岸建场后，其空间格局的形成与发展明显受到外环境的影响。场镇位于府河与鹿溪河的交汇处，府河支流现只存干枯古河道。场镇北面正对府河上游景观环境，视野开阔；东面紧临江河，远眺观音山、象山以及东南的和尚山。因此留出镇北端的王爷坎，东侧的码头以及南端的水码头等区域形成点状与带状交替组合的边缘交换空间，并与这几处远山分布的寺庙景观遥遥相对（图3-11A）。在外向与内向空间、边缘空间与点交换空间相互呼应的影响下，促进了逆向空间第一层次空间格局的形成。而古镇的西南侧和西侧，由于地势平坦，牧马山相对较远，景观平淡，在这一阶段基本没有形成较好的交换空间。而后来被用以发展内部的生活空间，一些私家大院都分布在这一地段，通过巷道逐一与街道连接。随着与外环境遥相呼应的主要交换点的确定，开始形成第二层次空间组合。贯穿南北的正街，顺自然地貌形成主要的蛇曲形街道，分别连接北端和南端设立的寺庙，将主要公共空间连接起来。并引出向东北的成都方向、古佛洞金华庵的街巷视线通道，同样的曲线相连，步移景异。仅有古镇南端的主要为对外交通出入口，淡淡地采用了边缘交换河岸景观的效果（图3-13左）。可以说，清初这一时期逆向空间的形成是较为成功的，属于逆向空间生长主要时期，充分反映了当时人们利用环境创造人与自然和谐的智慧。

（2）20世纪50年代空间的消长

另一个空间发展演变时期，是在20世纪初至50年代左右。特别是新中国成立以来，城镇也开始逐步发展壮大，这一阶段，主要是围绕古镇的区域外围发展空间。在北、西、南侧基本上没有形成系统的空间组合，只在西侧私家院落外围形成一些第三层次的小巷道内部生活空间。古镇东侧的上河街与下河街原本直接面向河流构成边缘交换空间组合，而在这一时期，沿河一侧又筑路建房，发展了上河街与下河街相通的内空间组合，使原来面河开敞的边缘交换空间转变为街巷空间，同时在靠河一侧的新建房屋又增加了新的边缘交换空间。而镇南端则采用了檐廓线收敛于远处的空间处理技巧，以收敛空间弱化景观质量的次劣，尽管东南侧方向的边缘空间消失，但却依照逆向空间原理合理地生长出新的边缘空间和收敛空间，而且合理地向南延伸了收敛空间的长度。而这一时期，古镇的西侧却没能很好地发展转折、转向、阻滞、停留等空间组合，使这一方向上一直繁衍着杂乱无章的空间状态（图3-13中）。

（3）20世纪90年代空间的消长

20世纪50年代之后，城镇缓慢向成都方向扩展。至20世纪90年代，为发展城镇旅游业为导向，外空间开始向北部迅猛生长延伸，新街区主干道景观视线与古佛洞金华庵景观空间遥相呼应，除这一街道基本保持了逆向外向空间生长的连续性外，新区横平竖直、街道高宽比例失调的总的空间格局，却使得逆向空间消失。东西向的街道延伸完全违背了逆向空间组合的原则，既没有了内外环境的交换呼应，更不用说依赖于外环境景观而构建的内部街巷空间的序列组合。而是采用了现代城市空间设计手法，其空间格局与风格和旧城区大相径庭、格格不入。可以说，除了主要街道还能感觉到逆向空间的延续性以外，其他空间及其所对应的外环境的联系毫无干系（图3-13右）。

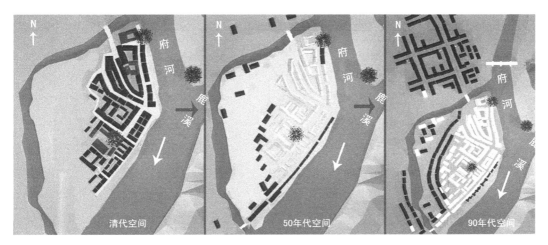

图3-13 黄龙溪古镇时空演化示意图

21世纪初，古镇旧区东面的上河街与下河街临江一侧的建筑外再建了房屋，临江竹林建起了仿古建筑、宾馆，河边成片地开起了露天茶园。虽然生长了新的边缘空间，但却因其过于宽敞形似现代广场，使得宜人的空间尺寸错乱。特别是越往南端，其沿河的边缘景观逐显平淡，不宜发展边缘转换空间。新的规划还在旧区西边外侧创造了较大规模的超尺寸的仿古街道，尽管形似古街蜿蜒曲折，其古韵却荡然无存，空间比例和尺寸也与内空间无法吻合，更无法产生空间联系。其创意明显地反映出缺乏对古环境空间的认真研究和摸索，结果对原古镇的逆向空间格局造成了破坏，更加促成了逆向空间在这一方位上的进一步消失。唯一的好处就是对西侧的平淡景观起到了阻碍视线延伸的作用。

随着黄龙溪城镇的建设发展、古镇新规划的实施深入，如今古镇规模越来越大，镇区以北已经成为为发展旅游观光业而开发的现代仿古建筑新街区。通过分析明显可见，新街区的规划建设没能很好地沿袭逆向空间环境，而是过分地追求现代城镇空间路网格局，破坏了逆向空间的可持续性发展，失去了建筑与人、环境与人太多的和谐和美好。这是因为在配合古镇建设开发规划前，没能很好的研究逆向空间的原理和序列组合，以至于形成现今南北环境空间各自为政、形断意失的不和谐空间格局，其结果却是失去了古镇本身真正的那种韵味。由此，通过对黄龙溪古镇逆向空间生长与消失的分析，当我们在对古镇建设和保护规划时，除了必须重视对它们的物质的、非物质的文化遗产保护之外，切不可忽视其外部环境景观对古镇内部空间的影响作用。也即是说，按逆向空间组合原理，应该遵从和依赖外环境空间确定内空间格局，继续逆向空间的营造手法，对古镇的周边环境及其一定范围的外空间，乃至内空间组合也要作为重要的文化财产加以保护。任何一个历史古城镇都不能脱离她所处的特定的自然环境而独自存在，否则其神韵必然是荡然无存。这就是逆向空间完整组合和序列的关联性和持续性最基本的原理所在。

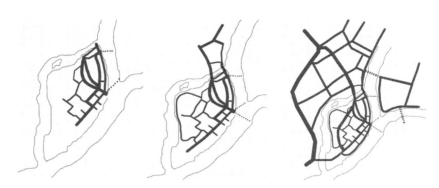

图3-14 黄龙溪古镇清代、民国至现代空间整合演化

图3-14是黄龙溪古镇从清代空间（左）经民国与新中国成立初期（中），直到20世纪90年代（右）的时间、空间整合演化示意图。空间的规模扩大，但是其前后的空间整合效应并不理想。特别是城镇建设新区空间有所扭曲。空间流畅与外环境的协调度受阻止并消失，破坏了山水美景与和谐景观效果持续的空间环境。提示了整合空间对树立小城镇形象以及人与自然和谐可持续发展的重要性。

3.2.4 逆向空间景观演化评析

逆向空间结构从外到内，从古到今的演化进程，应该说是井然有序。正因为其天地人有机结合观念的延续，将城池和建筑的建设完全融入于人的生活和审美之中，才使得古镇始终演绎着小桥流水的迷人故事。数百上千年历史的历史城镇，其优美的自然环境和雅致的内部空间格局，让现代人流连忘返，它所显现的古镇生命力不得不让我们赞叹其持续发展的魅力。通过研究发现，古镇空间的格局及其构成，无论是外部环境或内部空间，都具有一种潜在的、合理的人与自然和谐的美感。而且，内与外的景观空间具有默契的视线连接，而且内部空间又依赖于这些提供连接的点、线、面逐步延续构成，形成内部的转折、滞留、转换、收敛等各种空间类型。这些空间彼此相互联系，相互转换，其景观效果具有内外结合而巧妙的延续性和过渡性。黄龙溪的明末清初建场以来，其逆向景观空间演进大致经过了清代、20世纪50年代和现代几个大的阶段变迁。由于东面临水，二峨山景观视线广角，以及王爷坎东北角的景观交换，古镇自形成以来，外空间与内空间的连续性一直保持较好。而地势平坦的南面与西面的牧马山视线遮蔽，一直缺乏景观空间的发展，因此，空间上一直表现为收敛和阻滞特征。到了 20 世纪 50 年代之后，城镇缓慢向成都方向发展，外空间开始北部延伸，其景观视线通道与古佛洞金华庵景观空间意象呼应，基本保持了逆向外向空间演化的连续性。其古镇东面的上河街与下河街临江一侧，建起了房屋，尽管在上河街与下河街创造了收敛封闭空间，却阻挡和破坏了象山、尚山外向空间与城内内向景观空间的连续性。至 20 世纪 90 年代，临江竹林建起了仿古建筑、宾馆，河边成片的开发了露天茶园(P1-9)。由于古镇的发展，新古镇规划开始实施。现如今，古镇规模越来越大，古镇区以北为发展旅游观光业被开发为现代仿古建筑新街区。遗憾的是，在规划时，新街区却没能很好地沿袭逆向空间环境，过分地追求现代城镇空间网格局，破坏了逆向空间的可持续性发展，失去了建筑与人、环境与人太多的和谐和美好。在配合古镇建设开发规划前，没能很好的研究逆向空间的原理和序列组合，以至于形成现如今南北环境空间各自为政、形断意失的不和谐空间格局，其结果就是失去了古镇本身真正的韵味。

3.3 万州城市逆向空间组合及其演化 [24]

3.3.1 万州环境空间概况

万州地处四川盆地东部，濒临长江三峡，扼川江咽喉，有"川东门户"之称，地理位置独特，空间环境优美。其特定的地理环境和历史地位孕育了万州的形象面貌和景观形态。研究发现，历代万州空间发展与演变明显遵从景观环境的"逆向空间"组合规律。自然的山形水势，创造了特定的内外环境空间的交换层次，视线交换范围广，层次丰富。

根据逆向景观空间形成肌理，城市外环境空间决定了内环境空间的生长过程，从而逐渐形成特定的空间格局；空间上彼此之间相互联系、相互转换，其景观效果具有内外结合而又巧妙的延续和过渡。尽管古代的城池空间小且路网格局简单，但依然通过转、曲、收、引、滞、透、借、连等空间连接手段，形成循序引导、步移景异，空间变化等较为丰富的行为交往和生活空间环境。

万州古城长期的历史演化，其逆向空间组合也在不断地变化。古万州自唐宋记载以来至近代，古城选址时的外部空间环境顺应地势和环境特点，部分空间顺应自然而可持续演化生长，从而留下了有序、朴实、自然、和谐的景观印象；另一些空间则因环境限制或人为破坏与遮挡视线而消失。如近代以来，特别是现代的水利工程建设，万州古城空间大都被淹没于长江之下，取而代之的是现代化城市建设发展的新格局，由于现代城市建设更多考虑城市功能，使之原有的内外景观环境空间交换被阻断。

在中国的古代，城池建设有一定的规制，在城池环境的选择方面十分讲究，历来重视城池的空间和方位。万州城池选址不仅如此，同时还注重与地形地势相结合，使得古城拥有较好的采光通风以及良好的景观视线和环境空间格局。

古代城池的空间构成，往往符合并遵循"逆向空间"的组合原理[1]。一般由外环境空间、内环境空间和内生活空间三个层次空间构成。万州古城自有城池地图和文字记载以来，其城池空间格局具有明显的生长与消失。万州主要时期[2]的外环境空间类型如表3-1：

万州历史时期外环境空间生长与消失 表3-1

逆向空间组合		明代及以前	清代（同治、光绪年）	民国（1924年）	新中国成立前（1941年）	新中国成立后（1960–1970年代）	现代时期（2010年）
外环境空间	外向交换空间	都历山	都历山	都历山	都历山	都历山	都历山
		翠屏山	翠屏山	翠屏山	翠屏山	翠屏山	翠屏山
		天生城	天生城	天生城	天生城	天生城	天生城
		太白岩	太白岩	太白岩	太白岩	太白岩	太白岩
			佛缘洞	佛缘洞	佛缘洞	蛮子洞	蛮子洞
		白虎头	白虎头	白虎头	白虎头	白虎头	白虎头
		狮子山	狮子山	狮子山	狮子山	狮子山	狮子山
		古城门（墙）	古城门（墙）	古城门（墙）	—	—	—
		苎溪河	苎溪河	苎溪河	苎溪河	苎溪河	天仙湖
		长江	长江	长江	长江	长江	长江
			洄澜塔	洄澜塔	洄澜塔	洄澜塔	洄澜塔（非原址）
				文峰塔	文峰塔	文峰塔	文峰塔
		码头	码头	码头	码头	码头	码头
	内向交换空间	古城门	古城门	古城门	—	—	—
		主要码头	主要码头	主要码头	主要码头	主要码头	主要码头
				车坝	车坝	和平广场	和平广场
	边缘交换空间	古城墙	古城墙	古城墙	—	—	—

[1] 袁犁、姚萍，历史文化城镇逆向空间序列特征研究及其意义，2007年第二届"21世纪城市发展"国际会议论文集，2007.11，P342–346。
[2] "主要时期"，是作者依据目前能收集和参阅的相应时期县志与图文资料确定的研究时段，它们在空间上也具有一定的代表性。

逆向空间组合		明代及以前	清代（同治、光绪年）	民国（1924年）	新中国成立前（1941年）	新中国成立后（1960–1970年代）	现代时期（2010年）
边缘交换空间①		长江北古城段	长江北岸古城段	长江北岸城区段	长江北岸城区	长江北岸城区	长江两岸城区②
		苎溪北城缘	苎溪北城缘	苎溪两岸城区	苎溪两岸城区	苎溪两岸城区段	天仙湖沿岸
				望江路中段	望江路中段部分	新城路报社段	—
外环境空间	点交换空间	四望楼	—				
		太白祠	太白祠	太白祠	太白祠	—	太白岩
			弥勒禅院钟鼓楼（镇江阁）	弥勒禅院钟鼓楼（镇江阁）	弥勒禅院钟鼓楼（镇江阁）	弥勒禅院（原址）	—
			主要码头	主要码头	主要码头	主要码头	主要码头
		鲁池	高笋塘	高笋塘	高笋塘	高笋塘	
				鸽子沟	鸽子沟	鸽子沟	
			利济桥	利济桥	利济桥	利济桥	
			万州桥	万州桥	万州桥		
			天仙桥	天仙桥	天仙桥	天仙桥	
		北山石城	昭明宫	北山观	北山观	北山观	现弥陀禅院
			千金石	千金石	千金石	千金石	—
			西山观	西山观	西山钟楼	西山钟楼	西山钟楼
			太平木桥	太平石桥	万安桥	万安桥	新大桥
						和平广场	和平广场
			洄澜塔	洄澜塔	洄澜塔	洄澜塔	洄澜塔（非原址）
				文峰塔	文峰塔	文峰塔	文峰塔

3.3.2　古万州城逆向空间的表现特征

1）明清以前

万州古城城址自蜀汉刘备分朐忍地置羊渠县，为万州建县之始，到北魏迁移到苎溪河旁的北山山麓，万州古城城址先后经历4次搬迁才落定，一直到今天万州古城被淹没于长江之中。从北魏到明清时期，古城背山面水，坐北朝南的格局基本形成，背靠北山，面朝长江，东望翠屏，西眺太白，造就了古城周围良好的自然环境。

---

① 历史万州的边缘空间主要是指半边街形式的江岸沿江段，保持了视线和视面的通畅。
② 此时的边缘空间已经扩展到长江万州段南北两岸，下至长江二桥，上至五桥新区。苎溪河拦水坝形成的天仙湖则形成环形边缘空间。

这一时期之中，沿城门通往外界的道路上民居较少，多数居住于城内，由此古城的内环境局限于城墙之内，内外交换主要由城墙以及城门等边缘交换空间构成，构成逆向空间的初级阶段，城市空间的演变不明显，内外环境的交换较为单一，逆向空间的多层次、多类型的内外交换空间形态表现不明显。

2）清代时期

古城内部空间在明清时期发生了较大的变迁。特别是清代前期，古城的空间上主要是竖向上的发展延伸，城池内部道路位于不同高程以及从古城到北山观沿线一带，形成了竖向上多层次的边缘交换空间的组合。这一时期的社会较为稳定，促进了万州古城经济的发展，万州古城濒临长江，是古时商船海上通往重庆的必经之路，因此，多数的商船在进入重庆之前会在万州停留，万州古城沿长江一带已逐渐出现码头，比较著名的有官码头、盐码头，它们为内外环境交换的点交换空间，另外，内环境空间初步突破了城墙的束缚，苎溪河两侧的道路也联系更为紧密，出现了万州桥、天仙桥和利济桥等点交换空间。

码头数量的增加促进万州古城经济的发展，万州陆上经济也相应得以发展，促进古城街道的生长，街道主要顺应地形地势沿苎溪河、长江水平延伸，而建筑的布局顺应道路景观的需求，沿道路两侧布置，古城街巷蜿蜒曲折，形成丰富多样的内环境空间，既有利济池、书院院落等停留空间，也有环城的古街转折引导空间。这一时期之中，除了内环境空间形态变化外，传统的文化延续促进了万州院落空间发展，在原有的基础上，分别重建了城隍庙、文庙和武庙，同时，新建了相国祠、文昌宫和张飞庙，它们各自围合成封闭或者半封闭的院落空间。

当时社会生产条件落后，城市发展对于城市景观视线的破坏较小，城市外环境空间能有较好的景观渗透，同时，随着城内道路结构在空间上的多层次、多类型，表现为内外环境交换空间形态的多层次、多类型。

3）近代时期

清末以来，我国处于特殊的社会背景下，长期的闭关锁国制约了经济的发展，在光绪二十八年开通万县为通商口岸后，外国商品输入和内部产品（比如桐油、蚕桑）的输出促进了万县城市的快速发展，在万县古城沿江一带快速发展形成多达48个码头。而古城之中，环绕城墙已经形成错综复杂的道路网结构，城墙内部为"城中之城"，古城内外的交换变得更有层次，城区内部的城墙使得内外环境的交换不论是平面还是竖向上都层次分明，各有特色；但城墙阻碍了城市经济的发展和空间的统一性，在1924年，城墙被拆除，北岸的内外环境交换的层次有所减弱，但交换的空间范围更广。南北的联系因为经济的发展更为紧密，先后在原来的基础上出现了万安桥、福星桥等边缘点交换空间。

苎溪河南部在近代经济快速增长中得到快速的发展，内部街巷多采用阻、隔、放等方式构成古城内部道路系统，从而形成较多的 L 和 T 形转折引导空间，随着城市的扩张，在望江路一带，地势高差较大，形成内环境中的边缘空间带。西方经济交流的同时，西方文化对我国传统文化也造成了冲击，广场和公园在万州城市中开始出现，万州出现了北山公园、西山公园，形成内外环境中的点交换空间。另外，由于基督教和伊斯兰教的传入，在万州开始出现了教堂、钟楼和真原堂等西式建筑，钟楼与广场相结合，成为广场的重要标志点；而教堂独立成院落空间，供人们交流和祈祷之用。

后期，人们对于经济和利益的追求更为重视，忽视了对古城内部院落和景观视线的保护，加上当时的社会背景，新城的建设更多趋于街区型，我国很多传统的民居院落开始逐渐衰败和消失，在北山古城一带，文庙、武庙（关岳庙）、城隍庙等传统祭祀院落建筑相继被毁，仅留下文昌宫、书院等少许院落空间。

4）现代时期

改革开放前期，古城的空间发展已经逐渐不如人意。城市的内外环境空间受到了极大地破坏，更多的是城市功能取代了城市景观视线和视觉效果。城市桥梁、广场、码头等边缘点、面交换空间视线受到阻隔，留下的仅为部分低质量的点交换空间。21 世纪初期，三峡工程开始以后，将万州古城全淹于长江之下，古城除了小部分重要建筑（钟楼）搬迁外，古城中原有的院落空间基本上消失殆尽，高笋塘、和平广场等内外环境交换的视线基本被隔断。但旧城更新更加注重对城市景观的需求，比如南北滨水区建设注重线形空间展示与交换、江南新区市政广场和市民广场正对苎溪河、天生城，与高笋塘片区保留了部分延伸至长江的大梯子等形成对景，新增了内外环境交换空间，延续了景观序列。

在今后的万州城市发展中，应该更加注意遵循空间演变的组合规律，保护城市空间的视线通透，合理开发和利用城市空间，更好地展现万州作为一个山城特有的三维空间景观层次，形成良好的城市内外环境景观视觉效果。

3.3.3　万州古城逆向空间演化分析

1）明代及以前时期

自北魏从羊飞山下羊渠迁城至都历山北山南麓，古城虽历经宋代抗元等战争的洗涤，但其周围的地形地貌、空间环境依然。明代的古万州城位于北山脚下苎溪河与长江交汇处的都历山南麓，自然环境空间主要由都历山、北山、狮子山、天生城、太白岩、翠屏山等山体和长江、苎溪河围合，四周分布有西山观、流杯池等人文景观节点，保持了原始的自然山水格局（图 3-15）。历史上的古代万州一直作为海上到重庆内陆运输的必经水路。到了明代还修建了通往川藏内陆的万粱古道，让万州成为一个重要的水陆交接的通商港口，成就了历史上万州城市的繁荣。

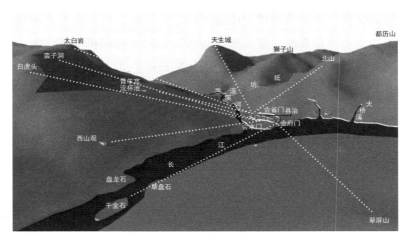

太白岩　蛮子洞　白虎头　天生城　狮子山　北山　都历山
青羊宫流杯池　苎溪河　纸坊　会省门县治　大桥溪
西山观　会府门　会水门
长　江　盘龙石　草盘石　千金石　翠屏山

图3-15　明代空间环境格局

　　此时的万州古城内建有城隍庙、文庙、武庙、街巷、多个城门（会省门、会府门和会水门）、码头以及民居院落等内部环境空间。因此，城池内外景观在视线上相互交换，并通过借景、对景的视点和视线，将内外空间有机地连接起来，形成外环境与内环境空间的交相呼应。

　　在明代故城内，主要分布有城门、街道、道观寺庙等内环境空间。

　　（1）外环境空间

　　景观逆向空间中的外环境空间是指出入口和主要视线廊道向外或向内的观景空间，通常采用对景和借景手法取得景观的交换联系和渗透效果，具有内外交换的双重作用。它是由内向外或由外向内，通过视点和视线，观赏城外或城内环境和景观的一种空间形式。要求城内与城外景观视线保持一定的通透性。在明代时期，万州古城的外环境空间主要有西山太白岩、太白祠、蛮子洞、白虎头，天生城、翠屏山和都历山等特色的自然与人文风景制高点和节点；以及长江、苎溪河、天仙桥、码头、江岸磐石和千金石等自然景观与内环境边缘带的城墙、城门等所形成的景观视线进行交换（图3-16）。因此，外环境空间成为城池重要形象的景观空间部分。

　　（2）内环境空间

　　为城池内部建筑连接构成的物质空间形态，与人的活动行为息息相关，产生行为活动与空间结合的景观效果。往往利用城池内部的景观交换特性，采取隔、阻、放等手法进行各种空间的转换，配合外环境对内部的景观联系进行空间布局，并结合山势地形布局特点，使景观空间丰富多变（图3-17）。

　　明代万县城池中的内环境空间，主要表现为城池中的L形、T形道路交叉口、各城门路段、沿城墙的L形路段以及一些重要建筑前的广场。如文庙、武庙和城隍庙前等广场空间。

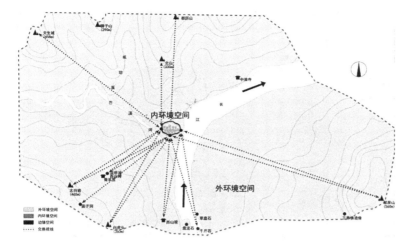

图3-16　明代外环境空间

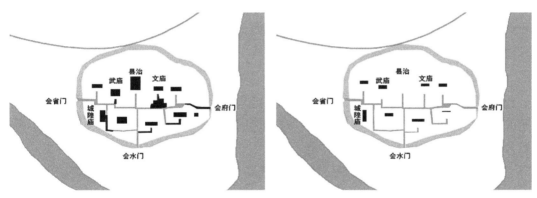

图3-17　明代内环境空间　　　　　　　　　图3-18　明代内生活空间

（3）内生活空间

由转换连接空间和院落空间构成，是进入民居的巷道、居住院落、寺庙等生活性的空间。如文庙、武庙、城隍庙以及通往民居内部的巷道和院落（图3-18）。

2）清代时期环境空间

至清代，古万州城池与明代时期相差无几。据旧县治记载，清代同治年间曾洪水泛滥淹没整个古城，古城墙损坏极为严重。后重修城墙，由原来的"周五里、为三门"缩小到"周三里、为五门"[①]。新建的城池，在空间上更顺应地形地势，高低错落，创造出更多层次的空间。此时还修建了风水塔（洄澜塔），以镇洪水。这一时期的城池空间格局奠定了后来万州古城城市面貌的基础，也是空间形态有序持续发展的开端。此后随着万州商贸逐渐繁荣，城中的内环境空间也有效地生长，整个万州城池内外

---

① 清同治五年，《万县志》。台湾：成文出版社，1976年。

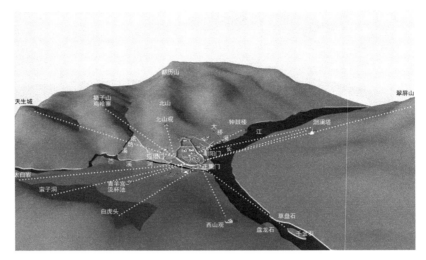

图3-19　清同治五年空间环境格局

环境景观格局呈现有序的效果。到同治年间，万州景观视线通透，山水改造也更加完善（图3-19）。

（1）外环境空间

这一时期，古城内外交换空间、边缘交换空间和点交换空间都较为完整，而且因城池形态的竖向增长和洄澜塔的修建，使城池内环境中的视野得以扩张，空间的交换更为丰富而富有层次。

此时的外环境空间有北山观、都历山、翠屏山、天生城、太白岩、佛缘洞、白虎头、狮子山、洄澜塔，以及长江、苎溪河、天仙桥、码头、江岸磐石和千金石等自然和人文风景制高点与节点；边缘空间有码头、天仙桥等（图3-20）。

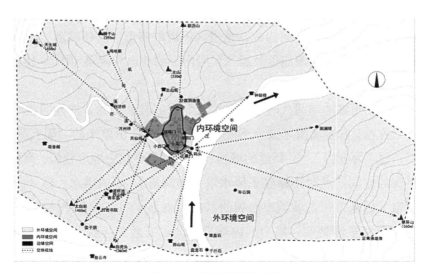

图3-20　清代外环境空间

①边缘交换空间

以线（面）方式进行内外景观环境视线交换的空间形式，城池中的内、外景观视线交换主要通过边缘交换空间来实现。如天仙桥沿江——码头等条带形空间，城墙环带状空间等得到了有效生长，新出现小西门、小南门等多个城门节点和沿江带，增加了外环境景观对内环境的渗透，使空间交换更加丰富；由于天仙桥——沿江路边缘带与城墙处于城区不同高度，在竖向上出现多重边缘交换空间，形成了不同的边缘空间层次（图 3-21）。

②点交换空间

指城池中的制高点或视野宽阔的广场，视线可以通往外环境中的景观而形成对景的空间节点。古城池中的城楼、塔楼利济池前广场等位于城池中的较高点，可与外环境中的翠屏山、天生城、太白岩、蛮子洞、白虎头、狮子山、北山观、洄澜塔、千金石、长江等景观产生交换（图 3-22）。

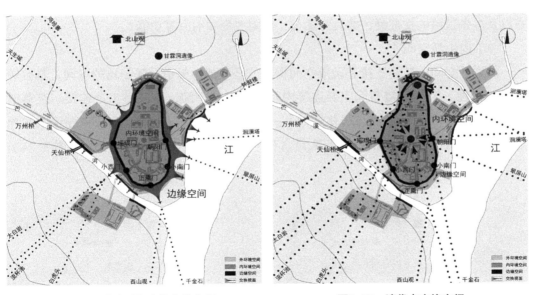

图3-21 清代时期边缘交换空间　　　　　图3-22 清代点交换空间

（2）内环境空间

此时的万州城池，内环境空间主要为城内空间及其与三方城门相连接的城外街巷空间。整体上的建筑布局顺应城池发展与礼教规制，保留且延伸了内外环境交换视线的通透性（图 3-23）。

①阻碍转折空间

是引导或回避不利视线的空间布局手法，通常采用 T 形和 L 形空间连接主要街市、广场、码头、水池等公共节点。城池内街巷顺应城墙和地形走势，形成高低错落的 L

形空间，如南门外古街道与古桥、古街与天仙桥、古街与朝阳门入口转折处、古街与古码头等处，空间上形成 L 形街巷，均属于引导进入外部交换空间的节点。

②转向引导空间

为一种因地形依山就势或曲径通幽心理而有意避直取弯的一种传统手法，常采用曲线转向引入其他空间层次，以达到步移景异、柳暗花明的效果。如古街中环绕城墙而依山就势形成弧形道路，既避免了街景的单调，又增强了景观层次和可观性。

收敛引导空间是因地形限制，通往外环境空间受阻或前方存在对景景观，或需要遮蔽旁侧视线，而利用屋檐轮廓延伸线，采用直线形街巷，使透视线于远处收敛的引导空间。如城中东门段由街巷直线引导正对外环境的洄澜塔；古街小南门段正对翠屏山，古街北山观段正对北山观。

③阻滞停留空间为分布于城池中供集会、集市、休闲、纳凉等公共活动的交往空间。如利济池、万川书院、码头以及古城门、文庙、城隍庙、武庙等前广场和故城等空间区域，可以满足人们较长时间的停留、休闲交往的需求。古城池中的利济池，位于城池的中心以及多条道路的交汇处，兼具有集会、休闲观景和纳凉等功能。

（3）内生活空间

内生活空间由转换连接和院落空间构成，是城池内街道分隔街坊的空间，具有较强的私密性。转换连接空间主要连接内院落和街巷空间，一般呈 T 形连接。院落空间是居民的私密生活通道与居住空间，一些大型院落可以直接与内环境停留空间相连接。主要有文庙、武庙、城隍庙、文昌宫和一些居住型院落的生活性空间（图 3-24）。

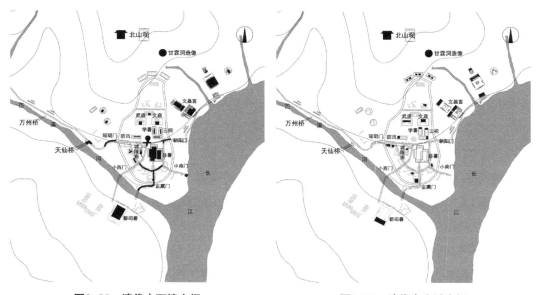

图3-23 清代内环境空间　　　　　　　图3-24 清代内生活空间

3）近代时期环境空间

近代万县进行了较大规模的城市建设，城市内环境也相对有所扩张，特别是 1902 年万县开通对外通商口岸和 1924 年（民国 13 年）杨森进入万县以来，对城市的发展和建设有了较大的推动作用，其景观空间的组合也相应的更加丰富。城市顺应山势的发展，原本城市中的外环境也成为内环境的一部分，空间组合的层次随着竖向高差而更具鲜明。由于城市的发展需求，万县城墙被拆除，形成一个统一的整体，外环境空间对内环境的景观渗透突破了城墙的阻隔，开始各个方向进行景观视线交换。近代时期，万州城市景观空间以 1924 年城墙拆除前后发生了较大的变化，我们以近代 1924 年城墙拆除前和 1941 年（民国 30 年）城墙拆除后，城市的建设发展趋于稳定（图 3-25）。

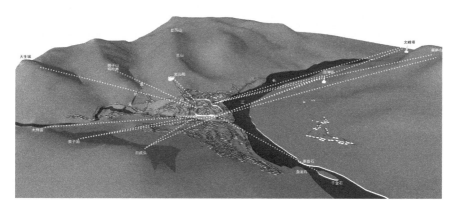

图3-25　1924年空间环境格局

（1）民国 13 年（1924 年）环境空间

①外环境空间

这一时期，城池的外环境空间因素仍存在，在同治八年（1869）于翠屏山山腰修建的洄澜塔上方，再建了文峰塔，构成著名的万州景观——"翠屏双塔"。随着城市商贸的发展，增加服务城市的码头数量，并作为景观交换的节点；在城池以北增加了北门，在一定程度上增加了外环境对内环境的景观渗透。

外环境中有北山观、都历山、翠屏山、天生城、太白岩、蛮子洞、白虎头、狮子山、洄澜塔、文峰塔，以及长江、苎溪河、天仙桥、码头、江岸磐石和江心石（千金石）等特色自然风景制高点和人文景观节点；边缘空间有官码头和盐码头一线、天仙桥、万州桥、利济桥、福星桥等进行内外景观视线交换（图 3-26）。

此时的边缘交换空间，环形的沿江连绵成带，但能够透过视线的单面街不多，主要是通过横切街巷道进行景观交换。城墙与沿江带空间层次更加明显，形成特有的双

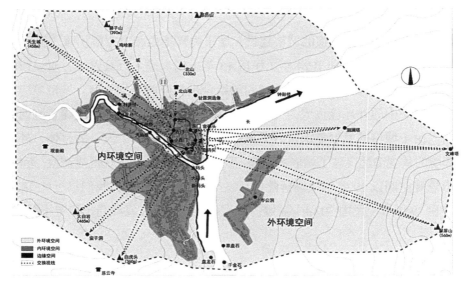

图3-26　1924年外环境空间

环错落边缘空间结构，增加了视域的深度和广度。苎溪河两岸建筑已集聚成片，相互呼应形成对景（图3-27）。

随着城市发展，环境空间生长使得原外环境中的西山观、钟鼓楼、万州桥、利济桥和福星桥等节点转换为内外环境交换的景观节点。如钟鼓楼与洄澜塔、文峰塔、翠屏山、高笋塘，万州桥与北山观、狮子山、天生城和太白岩等外环境空间发生视线交换；高笋塘与天生城、狮子山、北山观、洄澜塔、文峰塔、翠屏山、太白岩、蛮子洞和白虎头等外环境空间发生视线变换（图3-28）。

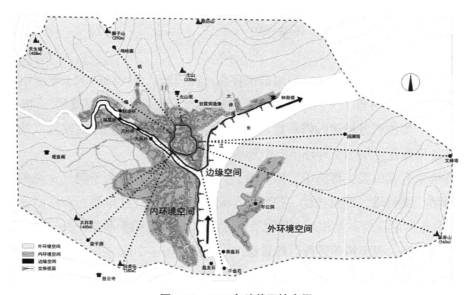

图3-27　1924年边缘环境空间

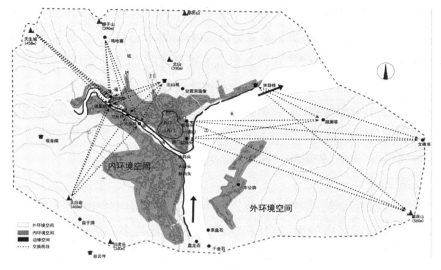

图3-28　1924年点交换空间

②内环境空间

这一时期，古城内部环境街巷道路格局变化不大，外部道路在原来的基础上，顺应外部景观生长。内环境的增长使得内外环境交换的空间面域增大，城池中出现了更多延续景观的街道空间。同时，城区中出现高笋塘、车坝广场等更多的公共空间（图3-29）。

阻碍转折空间在原有基础上，新增有古街与火神庙、古街与万州桥、古街与利济桥、十字街与石佛寺等街道空间。

图3-29　1924年内环境空间

城池为引导观赏江景及城市外环境中的视线交换，道路多呈弧状形成转向引导空间，如沿江形成的道路、南津街和杨家街口等处形成的街道空间，避免了空间的单调。

收敛引导空间利用沿街建筑和道路形成的狭长空间而将视线引导至外环境，空间有所增加，如北门正对狮子山，东大街正对钟鼓楼等。

阻滞停留空间因居民对生活需求有所增加，这类空间多数位于原有历史文化景点附近或地势平坦处，也是观景效果较好的场所。如高笋塘、西山观、城门、官码头、盐码头、相国祠前广场、钟鼓楼、西校场、车坝等公共空间。

③内生活空间

内生活空间由院落等三级空间构成。这一时期，城墙内外生活居住院落和休闲游憩院落增加，整座城区内的生活空间分布较广，数量较多。主要沿江分布，形成数条连接且垂直长江的主导型内环境主干街道，街道两端分散连接通往民居院落的巷道（图3-30）。

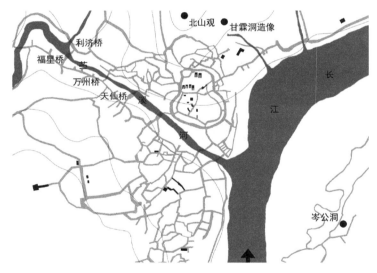

图3-30　1924年内生活空间

居民的生活空间利用山地地形的优势，用围墙和植被相互联系构成一定的围合空间，因植被围合空间相对柔化而具有一定的漏景的景观效果。

（2）民国30年（1941年）环境空间（图3-31）

①外环境空间

1924年后，万州古城墙被拆除，城池的城墙边缘空间消失。但由于古代城区历史建筑高度相对偏低，加之利用地形优势合理布局，高低错落有致，城区外环境对内环境的景观视线保持较好，少有破坏和遮挡。此时期，江南也陆续新建有建筑群，与江北老城区和西城高笋塘片区相互之间形成对景；西城望江路一带，因地势高差较大，

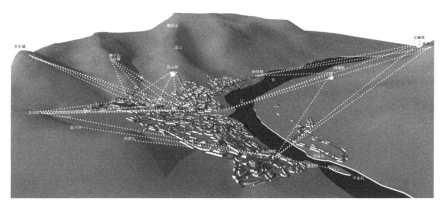

图3-31　1941年空间环境格局

大多路段为单面街，视野开阔，不仅与长江对岸环境隔江相望，还与靠近长江的老城的内空间及边缘空间都能形成视线交换联系的对景效果（图3-32）。

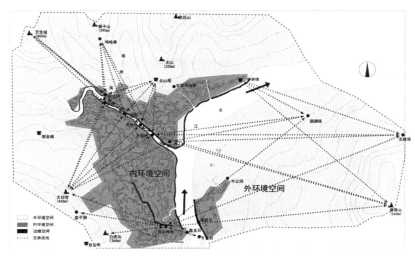

图3-32　1941年外环境空间

此时的边缘空间，使长江、苎溪河两岸相互形成对景，以及望江路与长江、洞澜塔、文峰塔与翠屏山等外环境空间进行视线交换（图3-33）。

内环境中的视线通往外环境的空间节点主要为公共活动广场、公园、水池等开阔空间和内环境外边缘的空间。如城中南门口与太白岩、洞澜塔、文峰塔和翠屏山等外环境空间。

②内环境空间

此时期的城区内环境空间，各个方向都能达到较远的距离，道路网虽错综复杂，但联系布局顺应自然，以隔、阻、引等手法，保证了外环境视线通达性，城中具有了

103

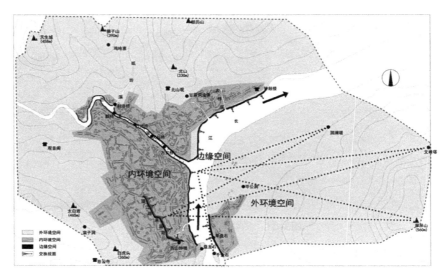

图3-33　1941年边缘环境空间

较多的转折、转向、引导、停留的空间。

　　阻碍转折空间有天仙桥、万州桥、利济桥连接的古街、南门口与古街、广济寺与古街等街道空间，西城的高笋塘片区，周围分别有新城路、鸽子沟、孙家书房路等多条道路采用L形路线转折与其连接。

　　城墙拆除后，通过城门视线的东门、小南门、西门的收敛引导空间消失，但生长了透过两个建筑之间通往长江的收敛空间，如有杨家街口、南津街等多处空间；万安桥与正对的广济寺巷形成对景。

　　除高笋塘、钟鼓楼、车坝等阻滞停留空间依旧存在外，于1924年，在北山观脚下修建了第一个公共性——北山公园。公园因地制宜，高低错落，具有良好的外部景观。它可与天生城、狮子山、太白岩、翠屏山、洄澜塔和文峰塔等进行视线交换。1926年又在西山观遗址上修建了西山公园。公园地理位置优越，位于半山腰靠近长江突出的西山山崖处，视域广阔，视线通透；1930年，在西山公园靠近江边修建了高50米的著名的西山钟楼，能够与整个城区外环境中的大多数节点形成对景。西山钟楼与千金石（以及盘龙石与草盘石）、白虎头、蛮子洞、太白岩、翠屏山、天城山、文峰塔和洄澜塔等外环境进行视线交换（图3-34）。

　　③内生活空间

　　城市空间的开放化，导致城市修建私家院落减少以及部分院落公共化，多数为居民生活空间，具有较强的私密性。此时期的转换连接空间较少，主要分布在靠近江岸来连接居民生活空间；院落空间多直接密集分布在大马路两侧；主要院落空间有白岩书院、九思堂、杨森公馆以及青羊宫、文昌宫等院落和寺庙空间（图3-35）。

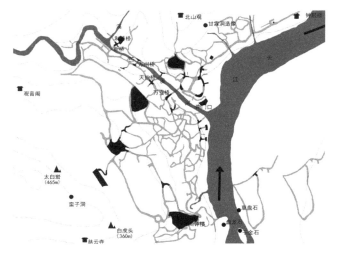

图3-34 1941年内环境空间

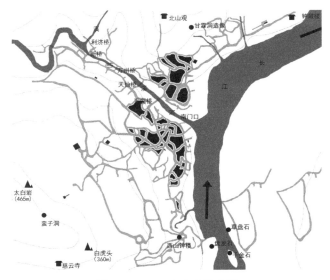

图3-35 1941年内生活空间

（3）现代万州中心城区环境空间

近代万州空间格局直到20世纪80年代，万州中心城区的路网格局变化不大，但改革开放让万州城市化进程加快，很多原始院落、寺庙建筑都未受到有效地保护而被破坏。新修的建筑更多地考虑经济和功能，导致城市中很多转折、引导型内环境空间消失（图3-36）。2003年，三峡蓄水工程开始，对万州古城更是影响甚大，很多传统的街巷空间、明清院落、自然景观都淹没水下，仅有弥陀禅院向上搬迁到原北山观处；洄澜塔于原址向上搬迁50余米得以保留。古城淹没后，城市向山腰和两岸急剧扩张，建筑超高修建，建筑布局忽视了城市景观的需求，更多的为城市功能服务；导致原来对外交换的边缘空间、点空间等很多空间组合已经不复存在。

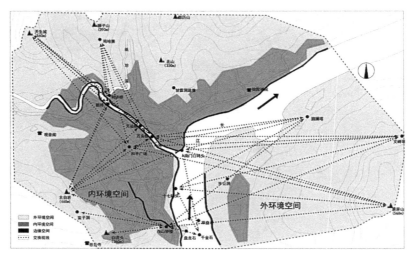

图3-36 1980年外环境空间

（4）现阶段环境空间（2010-2015年）

①外环境空间

在现阶段，北山已逐渐由外环境空间转变成为内环境中的一部分。三峡工程蓄水后，原古城遗址已被完全淹没于长江之下，同时淹没的还有磐石、千金石、岑公洞等自然景观；苎溪河也因水位上涨，向两岸扩展蔓延形成天仙湖；城市外环境空间相对扩张至更广阔区域。由于万州新城建设使得城市建筑高度极度增加，导致内环境中的点空间和边缘空间与外环境的交换视线大都被阻断。现如今，新城建设在长江、天仙湖沿岸均设置有中大型广场空间；江南新区的快速发展，其沿江一带的景观打造，使城市内环境迅速生长，重新与外环境形成了新的视线交换空间。

这一时期的外环境空间，主要有天生城、狮子山、都历山、洄澜塔、文峰塔、翠屏山、白虎头、蛮子洞、太白岩等特色自然风景制高点和人文景观节点；与内环境中的万安新桥、西山钟楼、和平广场、市民广场、天仙湖、滨江带等空间产生视线交换（图3-37）。

边缘交换空间因长江江面扩展以及江南新区建成，沿长江、天仙湖两岸的视野开阔，可相互形成对景和借景。但作为叠加空间层次的新城路一带的边缘交换空间视线却完全被高楼遮挡，仅留下部分线型和低质量的点空间。

这一时期的城市内环境中，具备较好景观空间视线多集中于城市沿江一带的滨水空间，如市民广场、音乐广场、南门口广场、和平广场、西山钟楼、长江二桥和三峡移民广场等公共空间。沿江广场空间相互串联形成边缘空间带。滨江带与外环境空间因各自所处视点、视角和海拔不同，所达到的景观效果与层次也不尽相同，彰显出"步移景异"的景观效果。如市民广场与太白岩、白虎头、天生城、狮子山、都历山和翠屏山；音乐广场与都历山、太白岩、白虎头、蛮子洞、洄澜塔、文峰塔和翠屏山；长

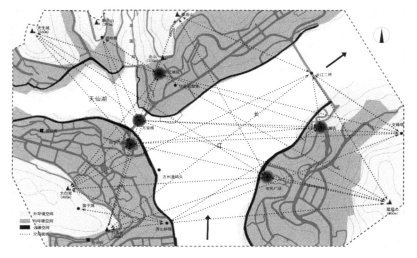

图3-37　2015年外环境空间

江二桥与太白岩、洄澜塔、文峰塔和翠屏山等处，都能够进行很好的视线交换。然而被淹没于水下的钟鼓楼、天仙桥、万州桥等点空间却已消失；历史高笋塘的史迹空间却消失殆尽，再也无法与太白岩、天生城、狮子山、北山和长江形成景观交换（图3-38）。

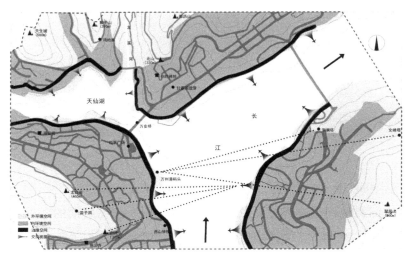

图3-38　2015年边缘环境空间

②内环境空间

现阶段的万州中心城区，古寺庙等院落空间已不复存在，多数引导、收敛、转折型街道空间均消失，如故城区、西山下城区等内环境空间已消失；而城市中新建了更多的阻滞停留空间，如建筑群中的市民广场、万达广场传统街区等，形成的收敛引导空间，延续了景观空间效果，创建了部分新的内外交换空间格局（图3-39）。

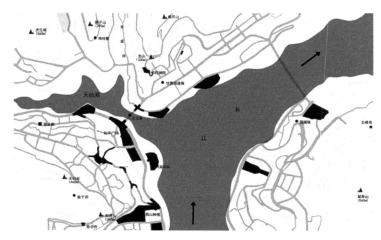

图3-39　2015年内环境空间

迁徙更新的北山弥陀禅院作为新生长的阻滞停留空间，已基本融入生活区之中，兼有停留游憩和内外空间交换的双重功能；高笋塘虽已填平，但与流杯池史迹相连，形成现代广场的阻滞停留空间，只因四周高楼林立，严重阻碍了四周向外空间的视线交换；位于长江二桥南岸的南山公园，因地制宜，修复生态环境，高架游步道既不对植物景观生长造成影响，又可提高人的观赏视角和视域，游步栈道错落有致，无景则避、有景则引，具较好的观景效果（图3-40）。

图3-40　现代万州中心城区环境空间

③内生活空间

内生活空间在现代化城市进程中受到极大的挤压。明清时期的九思堂、文昌宫、广济寺、五显庙、青羊宫、关岳庙、张飞庙、石佛寺、万寿寺等院落空间均已消失，空间被城市高楼大厦充填。现仅存的有白岩书院原址上的军分区旧址、防空指挥部（杨森公馆）等部分传统院落空间。

3.3.4　万州高笋塘历史逆向空间消失评析

1. 空间概述

古万州高笋塘始建于北宋年间，宋代以前，此地曾是一片低洼的沼泽地。宋至和元年（公元1054年）南浦（现万州）太守鲁友开主持开凿聚水，凿出了一个"池广百亩"

的池塘，人们为纪念他凿池之功，命名为"鲁池"。后续任南浦太守，又扩建了鲁池。在其周围修建了土地祠、流杯池等景观。流杯池与鲁池为邻，故称"鲁池流杯"，从此成为古万州一大人文胜景。在流杯池畔有北宋黄庭坚撰写的《西山题记》石刻，以言西山之胜景。

到清代时期，因野荬笋长于池中，故人们称为"荬（高音）笋塘"。清光绪十九年（公元 1839 年），在高笋塘流杯池旁建一三层古式亭阁，名西山亭，以保护此处的摩崖石刻——西山碑。1927 年驻军万县高笋塘的杨森，扩建城区，池围道路，命名为环塘路。自此时起的池塘西侧高地一直是重庆直辖之前的万县地区的政府所在地。20 世纪 80 年代末，政府对高笋塘进行了一次大规模的改造，将高笋塘扩建为小游园，曲桥回廊，雕塑凉亭、水榭茶园，鱼翔浅底，使高笋塘的休闲娱乐功能逐渐显现出来。2003 年底，又对高笋塘及其周围进行了彻底改造，总面积约 28000 平方米。现在的高笋塘是老城中心区，集商业、交通、休闲、人防四大功能于一体：上层是 1.2 万平方米的广场和商业中心；负一层是 8000 平方米购物超市；负二层 8000 平方米，用于停车。在最后这次改造中，池塘被填平，高笋塘被建成步行广场，与周边林立高楼融为一景[10]。

2. 高笋塘历史空间形态演变分析

我国历史上的城廓古环境空间历来讲求与自然山水和谐共生，建筑及其环境的建设完全融入于人的生活和审美之中，充分考虑内空间与周围外空间的联系，使其景观具有良好的延伸态势，空间序列丰富，形成优美的自然环境和与之相对应的内部空间格局，符合传统的天地人有机结合的观念。良好的空间发展应是有序和连续的，它始终保持着与自然环境的优美结合和生动宜人的内部空间格局[25]。

万州区高笋塘的空间形态经历了近千年的历史演化，我们研究认为，其与周围环境的景观视廊、视域经历了由盛及衰的发展演变过程。自高笋塘形成起初，其内部空间结构层次由单一逐步生长发展，进而形成景观序列良好，空间视线通透的优美景观空间形态。空间的不断延伸基本延续了可持续性发展的逆向空间组合生长。但由于不同时代的城市建设没有很好的研究分析逆向空间的序列组合，使其后来的高笋塘整体环境空间出现了空间阻碍。特别是新时期建设以来，不利的空间堆积，使得景观的延续性不断地受到破坏，从而导致逆向空间形态的消失（图 3-41）。

（1）明清以前的空间

明清以前，高笋塘的空间格局保留原始自然风貌，山水环抱于太白岩下，其山形俊美，林木葱茏，与翠屏山隔江（扬子江）相望，当时的高笋塘仍留有部分鲁池的空间痕迹，亭榭楼台环绕其间，与自然山水融为一体。同时视线与远山近水形成内外点交换空间环境、北山城墙边缘环境的交换，促进了逆向空间组合的初步形成。周围环境与之联系紧密，景观视线效果较好，但其简单的空间形态未达到逆向空间的多层次要求（图 3-42 左上）。

唐宋年间空间

清末民初空间

20 世纪 40 年代空间

20 世纪 50 年代空间

20 世纪 60 年代空间

20 世纪 70 年代空间

20 世纪 90 年代空间

现代空间

图3-41 高笋塘各时期空间组图

明清以前交换空间示意：

清末民初交换空间示意：

20世纪50~80年代交换空间示意：

现代存留交换空间示意：

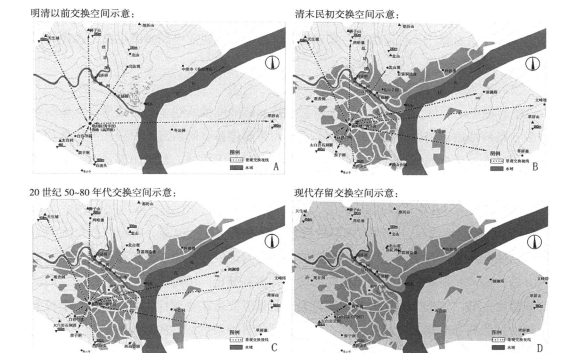

图3-42 高笋塘各历史时期景观视线格局示意图

（2）清末民初空间

清末民初，此时的高笋塘演变成了一个天然水塘，塘里种满了莲藕，四周开始了人工绿化，环塘建有一层砖瓦民宅。这一时期，由于社会的发展，促进了高笋塘空间形态的变化，成为万县的重要景观节点，周围低矮的建筑围合，构成城区的阻滞停留内环境空间，供人们游憩、交流。位于地势较高的北山之上北山观、翠屏山的洄澜塔和文峰塔以及位于太白岩山腰的太白祠等均可俯瞰高笋塘，高笋塘与城市中的特色景观点太白岩的太白祠，北山观和翠屏双塔等之间形成视线交换形成了优良的交换空间，其点与点之间形成视觉通廊而达到良好的景观效果（图3-42右上）；再则，城市周边的天子城，鸡哈寨，北山，狮子山、翠屏山、都历山等山峦景观均与高笋塘之间视线通透，可以通过孙家书房、鸽子沟、望江路、白岩书院等道路空间与外环境景观相互因借，相互渗透，达到良好的景观效果。此时的景观空间连续，形成中国传统景观意识下的城镇空间有序组合，是内外景观空间的和谐空间形式的典型。但高笋塘虽然内外环境的景观良好，其内部空间单一，仍不丰富。

1927年由于对高笋塘进行了改建，四周种柳，池内植荷，池围道路。居于此时的高笋塘，由于有了植物的障景作用，使其内部景观空间富有变化，生动活泼；且可以直视周围太白岩、白虎头和青羊宫，北向的天生城、狮子山以及隔江相望的山体，景观效果极佳。此时的高笋塘虽进行了改建，但由于建筑高度的限制和道路的取向，与周围景观视线通廊任具有连续性，景观视觉效果较好，逆向空间持续生长，景观风貌得以有效延续。

（3）20 世纪 50 年代空间

随着城市的发展，环塘建筑已逐步被改建，陆陆续续修建了 2 层楼房，临塘商业增多，高笋塘逐步变得热闹的商业中心，作为阻滞停留空间所起的引导功能增强。由于面积较大，其视线依然宽泛，可与北山，太白岩，天生城，翠屏山等景观形成视线交换（图 3-42 左下）。

（4）20 世纪 90 年代后的空间

20 世纪 80 年代末，政府对高笋塘进行了一次大规模的改造，将原来围绕高笋塘转的西侧马路改道行署门前，将行署门前的绿地与高笋塘连为一体扩建为高笋塘小游园。塘内部空间随着道路以及曲桥起承转合，富有变化，沿路前行，步移景异，内部构成停留空间、转折空间和引导空间等丰富的景观要素，景观样式变化多端，但仅限于塘内部的狭小空间，塘前高楼林立，已不见昔日的景色，外向景观被阻挡，原有的一些优良景观视廊和景观空间正在逐渐消失，让人扼腕叹息。

2003 年底至 2006 年对高笋塘及其周围进行了彻底改造，总面积约 28000 平方米。现在的高笋塘是老城中心区，集商业、交通、休闲、人防四大功能于一体。在最后这次改造中，池塘被填平，高笋塘被建成步行广场，与周边林立高楼融为一景。造成了景观的缺失，奠定了高笋塘现状狭小空间的基础（图 3-42 右下）。

（5）现代空间分析

至现在，高笋塘的空间发展已不如人意。外环境的优良景观空间格局，与高笋塘的空间交换功能消失殆尽，仅能维持其内部空间。随着城市建设迅猛发展，现今的高笋塘广场景观视线被高大建筑物遮挡，仅在白岩书院路与太白岩有少量交换视线。在城市的发展完全忽略了对传统景观风貌和建筑特色的维持和保护，城市建设显得急功近利。立于此时的高笋塘中，人们的视线完全被周围林立的高大建筑物所遮挡，与外环境空间的优良景观视线被隔断，无法向外延伸，景观空间遭到巨大破坏。历史上的高笋塘与自然环境相融、和谐共生的优美逆向空间景观形态随着城市的现代化建设已不复存在，功能性空间形式突显其单一性。

万州区高笋塘始建以来便山水相依，秀美动人，亭台楼阁环绕其间，具有中国古典园林景观的神韵，演绎着醉人的山水景观图画，其旁的流杯池一直以来有着"曲水流觞"的美誉，更以其"鲁池浩瀚，竹柏丰茂，亭榭环绕"的自然优美景观备受称赞。然而后期的城市建设忽略了高笋塘环境空间的保护和持续性发展，使其景观风貌大打折扣，如今的"塘"已不是昔日的"塘"。我们通过研究高笋塘历史空间构成及其演化，意在弘扬传统景观风貌的保护观念，为现代化城市建设提供借鉴。并通过其特色逆向空间景观格局及演化规律，为新空间的营造和旧空间的建设发展提供参考。

3.4 鄞江古镇逆向空间组合分析 [26]

鄞江古镇历史文化、民俗民风是由所处的特定地理、历史环境所决定，从而孕育了古镇的形象面貌。鄞江古镇空间发展与演化，明显地遵循一种逆向空间序列组合规律，反映外环境空间决定内环境空间的生长过程，从而形成最后的空间格局。这些空间彼此相互联系、相互转换，其景观效果具有内外结合而又巧妙的延续和过渡。尽管空间小巧而单一，但是依然通过转、曲、收、引、滞、透、借、连等空间组合手段，形成有景则赏，无景则阻，步移景异，空间变化较为丰富的交往、生活等环境。

通过分析研究，古镇在长期的形成演化过程中，逆向空间组合发生了一些变化。一些空间继续生长形成而顺利地发展，一些空间则不断萎缩至消失。这些变化倘若是遵循了古代选址的景观原则，演化不失其环境的空间连续性，它会依然显现出古镇的空间魅力。倘若空间在历史演化中违背空间发展组合规律，视线被阻塞导致空间被不断地破坏，它便会失去自身空间和谐环境的光彩。我国南方现存很多保护尚好的古镇，其魅力依然无穷，给人们留下了美好悠然、朴实、自然、和谐的印象，这首先归功于对其空间的保存与现在极好地保护。因此古镇在发展中，特别是在当今经济不断繁荣而又不断开发过程中，我们要注重保护其空间的有效延续，而不是盲目地拆除和修建占据空间，必须通过对古环境空间的分析，认真研究古代历史的空间构建关系和规律，才能有效地生长和延续优美的环境空间组合。这就是进行逆向空间分析的意义所在。这种古环境空间的分析原理与方法，同样对分析鄞江古镇的空间环境的有着重要的作用。

纵观中国古老城池的建设与发展历史，不难发现，古人不仅仅是在建设城邑上有一定的规制，在城池的环境选择上也十分讲究；历来都很重视城池的环境空间和方位。除了遵循山水格局以外，还注重背山面水、日落日出的方位以及日照与通风的感受，通常按照形制来规划城邑。《周礼·考工记》记载："匠人建国，水地以县，置槷以县，视以景，为规识日出之景，与日入之景，昼参诸日中之景，夜考之极星，以正朝夕。"反映了古人对城邑的方位选择技术。方位的选择，依山傍水、必然会使得城邑具有很好的日照采光与抵御寒流以及良好的景观视线和环境空间格局。

我们通过研究认为，古代城市的空间构成的逆向空间方法，一般由外（环境）空间，内环境空间，内生活空间三个第一层次空间构成。分别又由第二层次空间与第三层次空间进行组合（表3-2）。鄞江古镇的空间构成也不例外。

图3-43　天台山眺望古镇、狮子坪、狮子山、金钟山、云台山、鼓楼山全景

3.4.1　春秋战国——明清时期前古环境景观空间

在自然环境上，虽然历经上千年，但其地质时期的地形地貌地理环境却极不易改变。除了地质年代中的第四纪地貌表现为在地球表面不断地剥蚀与堆积外，比如河流的冲击带来的变化以及地表不断被剥蚀带来的滑坡、崩落等地表形态的一些变化，上千年的地貌形态不会有太大的改变，河流形态的演化也许或多或少有一些宽窄深浅的细微变迁，仅此而已。因此，郪江古镇所处的自然地理环境，四周环境空间主要分布有天台山、云台山、狮子山、大狮子山（狮子坪）等山体，以及郪水和锦江二河，可以说其山水格局基本保持了上千年的格局，自然的山水环境，依旧成了如今郪江的良好的环境空间格局（图3-43）。在交通不发达的年代，主要靠水运繁荣了城镇，因此大多城镇依水而建。据当地百姓称，很早以前，郪江河面较宽而深，可以行船（小棚船），而且是主要的人和物的交通运输线，因此设有码头。后来河水逐渐减少，洪水淤泥在郪江河两岸边越积越多，河面也越来越窄，再也没有了水运和码头。大约在清代后期，码头逐渐埋于水下而消失。而根据历史记载的郪王城的存在，作为城池，在春秋战国至汉唐时期的古城内就应该分布有几个方向的城门、城墙、街道、码头等内部景观空间。因此，城池从内与外的景观在视线上互相交换，应该形成外环境与内环境空间的呼应，通过相互对景或借景，利用视点、视线将内外景观空间连接起来。

由于考古史料的缺乏，我们无法知晓古代郪王城的内部空间格局的具体情况，只能从部分史料大概了解春秋战国时期尚存的郪王城的城墙遗址、千子堡以及三国时期的古官道等遗址分布。我们可以分析出当时大致的内外空间格局，这时期的古城主要分布有城门、码头、街道、官道、烽火台等内环境空间。

（1）外（环境）空间

指设置的出入口及主要视线廊道的对外获取或向内的观景空间，采用对景和借景手法取得景观交换联系的视线相互渗透效果，具有内外交换空间的双重作用。外环境空间不是单一的指外面的风景景观，在逆向空间组合中，系指城的内外景观通过视线交流留出的一种通达的景观廊道空间。它是由，由内向外或由外向内，通过视点或视线，观赏城外或城内环境和景观的一种空间形式，要求城外和城内的景观视线的互依互换，必须依赖内外空间之间的联系而同时存在。在这一时期，古城堡的外环境空间中的金钟山、狮子山、天台山云台山与内环境边缘的鄞王墓、城墙（门）、古码头、官道、石桥、烽火台等，形成的空间视线廊道与景观视线交换（图3-44）。外环境空间属于一个古城镇重要的形象空间部分。该空间向城池内生长为第二层次空间（内环境空间）。

（2）内（环境）空间

逆向空间的内（环境）空间一般由转折、转向、引导、停留等空间构成。它是城池内部建筑构成的物质空间，与人的群体活动相联系，产生公共行为与空间的结合景观效果。往往利用内部的视觉景观交换特性，采取隔、阻、放等手法进行各种空间巧妙地转换，配合外环境对内的景观联系进行空间布局，并注重街景的转换，使其景观空间丰富多变。

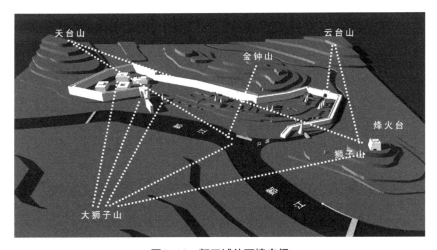

图3-44　鄞王城外环境空间

但是由于历史资料的缺乏，我们难以确定城池的具体位置以及城内的内环境空间构成。因此古城内的环境空间，仅仅只能从现古镇留下的一些遗迹，如可能的城墙、城门口、码头、古官道、石桥，王墓等来分析辨别其大致的景观空间的构成。如推测的鄞王城的内外城位置，城池的南、东、西等出入口广场的集合空间以及码头广场的停留空间等。

第三层次的内生活空间，主要包括转换连接空间和院落空间。古代的空间已无从考证，难以分析其空间结构。但是现在的天台书院周围和现代的旧街区应该也是当时的宫殿和民居的一个主要部分（表3-2）。

郪江古镇逆向空间组合特征及其演化阶段的空间变化 **表 3–2**

逆向空间组合		明清以前	明清时期	现状	恢复保护开发
外环境空间	外向交换	金钟山、狮子山、天台山、云台山、郪王墓、古城门、古码头、墩桥、郪江、锦江	金钟山、狮子山、天台山、云台山、狮子坪、天台书院、古城门、锦江古榕树、郪王墓与古榕树、古码头、九龙桥、墩桥	金钟山、狮子山、天台山、锦江古榕树、郪王墓古榕树、九龙桥、墩桥、云台山、新入口广场	金钟山、狮子山、天台山、锦江古榕树、郪王墓古榕树、古城门遗址、九龙桥、墩桥、郪江、锦江、云台山、新入口广场
	内向交换	古城城门、古码头	九龙桥、锦江古桥、古码头、古城门	锦江古桥、仿古新街入口牌坊	九龙桥、恢复古码头、千字坟、古城门遗址、锦江古桥、仿古新街入口牌坊
	边缘交换	古码头、锦江古石桥—狮子山古官道—九龙桥	古码头、锦江古石桥—狮子山古官道—九龙桥，古码头、古城门	九龙桥、郪江河边	恢复古码头、古城门、锦江古石桥—狮子山古官道—九龙桥郪江环带
	点交换	郪王墓（千子坟）与古榕树、锦江古石桥、天台书院、烽火台、古码头	郪王墓古榕树、古城门、锦江古石桥、天台书院、古码头	郪王墓（千字坟）、与古榕树、金钟山汉墓、锦江古石桥	郪王墓与古榕树、古城门遗址、金钟山汉墓、锦江古石桥、金钟山、狮子山、天台山
内环境空间	阻碍转折	千子坟与古街、古码头与古街、东古桥与古街，古城墙	千子坟与古街，古码头与古街，东古桥与古街，镇西和古城墙	金钟山汉墓与古街、千子坟与古街、东古桥出口与古街	金钟山汉墓与古街、恢复千子坟与古街、恢复古码头与古街、东古桥与古街、恢复镇西和古城墙
	转向引导	古街中段	古街中段	古街中段、新老街节点	古街中段、新街中段、新街与老街节点
	收敛引导	古街西段	古街西段	古街西段、新街北段	古街西段、新街北段
	阻滞停留	寺庙广场、郪王墓（千子坟）、古城墙口、码头	关帝庙等七大寺庙广场、郪王墓（千子坟）、古城墙门、码头、锦江古榕树广场	政府广场、金钟山汉墓入口、锦江古榕树广场、新街入口广场、留存二寺庙广场	政府广场、新街入口、恢复郪王墓、金钟山汉墓入口、恢复古城墙、锦江古榕树广场、留存二寺庙广场
内生活空间	转换连接	古街与院落	古街西端与正古街、古街东端小巷与正古街	古街西端与正古街、古街东端小与正古街、金钟山与正古街	古街西端与古街、古街东端与古街、古镇中部与古街
	院落	寺庙后院与民居院落	北街四合院、王爷庙二进院、地主庙后二进院、天台书院三进院	北街四合院、郪城客栈、王爷庙、地主庙后院	北街四合院、郪城客栈、王爷庙、地主庙后院

3.4.2 明清时期古镇景观空间

这一时期，为形成古镇空间形态结构主要格局的基础，也是空间形成最为完整、丰富的时期。古镇所留下来的物质与非物质文化及其空间，充分反映了古镇经济的繁荣和历史文化的沉积，环境空间生长较完整，空间发展与构建的逆向空间格局的景观效果也十分突出（图 3–45）。也是我们研究保护与复原开发的重点景观空间。

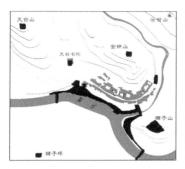

图3-45 明清时期古镇外环境（左）、内环境（中）和内生活空间（右）

（1）外（环境）空间

这一时期，外环境空间的内、外向交换空间、边缘交换空间和点交换空间都完整存在，为古镇逆向景观空间组合比较完整的时期。

外部环境依然分布金钟山、狮子山、天台山、云台山、郪江和锦江等自然景观元素；边缘空间分布有古城门、锦江古榕树、千子坟与古榕树、古码头、九龙桥、沿郪江古官道、石墩桥等出入口，相互进行内与外、外与内的景观视觉交换（图3-46）。

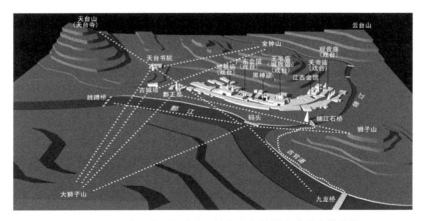

图3-46 古镇明清时期外（环境）空间的景观内外交换分析

边缘交换空间是一种线型的内与外景观进行交换的空间形式。如较为繁荣的古码头、郪江跳磴桥、锦江古石桥——狮子山古官道——九龙桥沿河一带的环带状空间，都可以与外面所对应的景观进行交换。

在这一时期，视线通向外环境的镇内的点空间，主要存在于古镇内与自然景观点有视线联系的空间节点或制高点。如古镇内的郪王墓、千子坟与古榕树、古城门口、锦江古石桥、天台书院和古榕树等一些制高点与外环境空间的金钟山、狮子山、天台山（天台寺）、云台山、九龙桥等之间形成的景观交流。此时前的秦汉时期的烽火台空间已经消失。而金钟山崖墓群还没有形成集散公共空间和观赏作用的点空间（图3-47）。

古码头与跳礅桥空间点交换	古码头与九龙桥、古官道空间点交换

南岸边缘间眺望古镇、金钟山	北岸边缘眺望天台山、古码头

图3-47　明清时期古镇外环境空间的点景观和边缘景观空间

（2）内（环境）空间

内环境空间通常包括转折、转向、引导、停留等空间形式。

阻碍转折空间是一种引导或回避不利空间，采用T形和L形空间连接主要街市、广场、码头、娱乐等公共节点的空间布局手法。如千子坟或郧王墓巷路与主街巷转折点；主街西端与天台书院路口的连接；主街与码头巷道转折处；锦江桥巷与主街转折处；镇西口与古城墙转折连接以及北门出入口等空间。都可以从现今古镇的旧风貌中寻找出这些转折空间的痕迹。

转向引导空间，是一种因地形而随山就势或有意避直取弯的传统手法。常采用曲线转向引向其他层次空间。如古镇中古街中段属此种空间，采用大弧度，依山就势，避免了街景的单调，起到了步移景异的效果。

阻滞停留空间，主要分布在镇内供集会、集市、休闲、庙会、纳凉等公共活动的交往空间。如关帝庙及其广场（戏楼）、王爷庙（戏楼）、地祖庙（黄州会馆）（戏楼）、黑神庙、将军庙（江西会馆）、观音殿（戏台）、土地庙等寺庙会馆、与天台书院，以及郧王墓、古城门、码头、锦江古榕树广场等空间区域，可满足人们较长时间停留、交往的需要。许多大型民俗活动与戏曲文化行为都在这些空间中发生（图3-48）。

（3）内（生活）空间

逆向空间的内（生活）空间，属第三层次空间。主要由转换连接、院落等三级空

图3-48 古镇转向引导空间（左）与阻滞停留空间（右）

间构成。是指镇内各种巷道分隔的街坊空间，具很强的私密性。

转换连接空间：

指院落连接主要街巷的生活通道空间，一般呈 T 形连接。如古街西端北小巷与正古街，古街东端小巷与正古街等空间形式属于此种。

院落空间：

是居民的私密生活通道与居住空间。一些大规模景观型院落可直接连接内环境空间。在郪江古镇这样的空间较为多见，如北街东西两个小四合院、王爷庙前后二进院落、广东会馆院落、地主庙（黄州会馆）后二进院落。黑神庙与院落等、关帝庙二进院落、观音庙院落、天台书院二进院落等（图 3-49）。

图3-49 明清时期古镇内生活空间

3.4.3 现状古镇景观空间构成

现状的古镇空间格局，由于 20 世纪 80 年代对古镇的盲目改造，拆除了很多明清古建筑，景观空间组合格局也受到了较为严重的破坏。2013 年，在古镇北侧新增百米仿古街道和入口广场的扩展空间。古镇以前的对外空间、边缘与点交换等许多空间组合已经不复存在。如古城墙（门）、天台书院、五大宫庙（原七庙）和三会馆与三戏楼台（原五戏楼台）、狮子山塔阁、沿江官道、石墩桥、古码头、天台寺、千佛寺部分均已丧失或废弃。整体景观空间组合序列被严重破坏（图 3-50）。

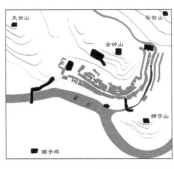 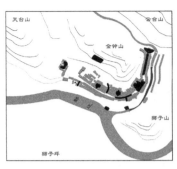 

图3-50 现状古镇外环境（左）、内环境（中）、内生活空间（右）

（1）外环境空间

尽管自然景观环境因素依旧存在，但现有金钟山、狮子山、天台山与古镇内部相互交换的边缘和交换点空间不再有相互交换关系。镇内的锦江古榕树、鄪王墓古榕树、九龙桥、石墩桥、鄪王墓遗址、锦江石桥等，与外环境空间关系中断。仅有新入口牌坊广场与百米仿古街等可以形成街道与云台山的内外向交换空间。

古码头、沿江古官道、古城墙等边缘交换空间与天台山书院、古码头等的点交换空间的行为功能与景观功能不再具有，必须加以空间的恢复开发（图3-51）。

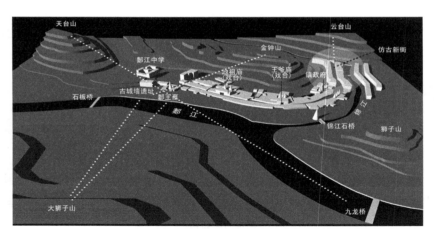

图3-51 古镇现状外环境空间格局

如图3-52左图，登上小狮子山顶，可以眺望远处的天台山（天台寺）；可俯瞰古镇古街全景，九庙三馆五戏楼、天台书院、鄪江古码头、古鄪王墓、古城墙遗址、跳磴桥、九龙桥等视觉景点。这些空间的相互交换，在明清时期尤为突出与丰富，难怪易让人的诗韵有感而生。古码头、古城门墙早已消失；山凹处幽静的天台书院已毁，现为新修建的鄪江小学。大多古时的空间景观视觉不复存在。图3-52右中的金钟山为新建的古代汉墓群观光场所，较好地生长了新的远眺空间，可以与鄪江以及远处的九龙桥、狮子坪进行点空间的交换。

狮子山眺望天台山、古镇和小学　　　　　　　　金钟山与九龙桥的点交换空间

图3-52　古镇现状外环境空间的点景观空间交换

（2）内（环境）空间

　　这一时期老区街巷空间变化不大。但内环境空间中的阻滞停留空间大部分消失，"九庙三馆五戏楼"阻碍转折空间功能基本削弱。北侧新增仿古街道主要以收敛引导空间为主，并延续景观空间效果，正对云台山外环境，保留了外环境交换空间的格局（图3-53）。同时，在新的仿古街北端设置了主入口广场空间（图3-54左），作为新生长外环境点空间与阻滞停留空间的功能；在新老街结合部的镇政府所在地（原关帝庙与观音殿），也被改造为较大的现代广场空间作为阻滞停留公共空间，延续了其空间功能（图3-54右）；位于金钟山半山崖的汉墓群也设置了停留空间，并也可作为内

图3-53　修复现状转向引导空间（左）和仿古街收敛空间与远处云台山景观交换（右）

图3-54　新建仿古街区主入口广场（左）和新老区结合部广场的空间生长（右）

外环境空间交换的景观空间，以满足人们较长时间停留、交往的需要。

（3）内（生活）空间

内（生活）空间，主要由院落等三级空间构成（图3-55）。但古镇现状，广东会馆院落、黑神庙与院落、关帝庙二进院落、观音庙院落、天台书院二进院落等均已消失。地主庙与王爷庙二进院落还留有遗址，仅有两、三处小型民居四合院院落尚存，破烂不堪。附近数个大家族院落，如武家大院、李家大院等早已不见了踪迹。

图3-55　古镇现状新建院落空间（左）与转换连接院落巷道空间（右）

3.4.4　发展中的古镇景观空间分析

（1）外环境空间修复

20世纪50~80年代期间，古镇的明清空间格局受到极大地破坏，逆向空间组合的关系逐渐消失。特别对应外环境的边缘（空间）与点（空间）大都不复存在，如古城墙（门）、古码头、沿河古官道、古石桥相关联的边缘空间都因其破坏而失去了与大环境的视线交换。为了恢复优美的自然环境与景观视线，我们有必要在现状基础上，根据逆向空间组合原理，尽可能适当地恢复过去优良的古代环境空间格局，并根据空间组合序列适当地开发以发展合理的景观空间。

在外环境空间，充分利用郫江古镇四周的金钟山、狮子山、天台山、云台山、狮子坪等自然环境，通过恢复古码头、沿江古官道和古城墙（门）、古烽火台、天台寺、古桥、金钟山古墓群，以及依靠古码头旧址规划设计郫江沿岸的边缘景观空间与水域景观，修复与扩大对外环境空间的视线交换，通过相互对景或借景，重新修复形成并加强外环境与内边缘空间的呼应。

（2）内（环境）空间保护

内（环境）空间，属于整体空间环境的第二层次空间。由转折、转向引导、收敛、停留等空间构成。常利用内部景观交换特性,采取隔、阻、放、收等手法注重街景的转换，使其景观空间丰富多变。

在内环境街道与建筑格局中，重新恢复"七庙三馆五戏楼"已无可能，因此需要尽可能地保护好现存的"两庙两戏楼"公共空间，并利用主要古街巷和仿古新街巷，完善王墓与古正街、古城墙（门）、地祖庙与郪江巷、王爷庙与古码头、古正街与锦江石桥－狮子山、古正街与金钟山等巷道；同时配合仿古新街与入口广场景观空间，通过恢复与改造，增强西端古城门、郪王墓、古码头、锦江石桥等节点的停留空间景观效果，满足人们较长时间停留、交往与观赏的需要。

古镇的内生活空间，发生了质的变化。古院落的衰落不再满足现代生活需求，传统空间日趋不足。由于土地的缺乏，人口的增加，以及建筑材料的破损，古镇的院落大都被改造为现代砖混楼房，以增加生活面积和空间，古老的大院落已不复存在。仅仅在北街中部、古街西端北侧留有部分规模不大的明清四合院落，最为突出的是王爷庙的后院空间保存较为完好。现在一些如郪城客栈的新建院落也值得保护（图3-56）。

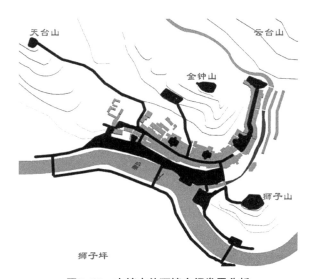

图3-56　古镇内外环境空间发展分析

3.4.5　行为空间构成分析

行为空间是逆向空间序列形成有关人的行为活动和为其服务的空间，它为人提供了有序地的行为活动场所。其类型通常分为，生存行为空间、表达行为空间与交换行为空间。

人的行为除了基本的居住生存空间需求外，还会具有交流、娱乐休憩和劳作等行为，在一定的空间形式中进行表现并进行流动性活动。行为空间的发展和分布，也顺应着城镇逆向空间的有序生长而发展。在行为空间分类组合中，首先是生活空间的形成与满足，随着人的群体所产生的行为活动形式和种类的不断扩大而逐渐扩展，形成人的行为表现空间，再完善行为交往空间。郪江古镇历史悠久，保留有许多民间的祭祀庙会、唱戏等民俗活动与铸铁、木工、纺棉、石刻、烹食等劳作行为。古镇中至今仍保留着一种流传数千年的民间活动——祈雨。祈雨习俗在中国古代文献中称为"雩①"，有文字记载的祈雨活动始于殷商，兴于春秋，全盛于汉。祈雨在新中国成立以来便几乎绝迹了，但在郪江每年农历五月二十八日，周围十里八乡的善男信女都要到郪江赶城隍庙会，虔诚的人们将祈雨的活动进行得如火如荼，从西头开始，庞大的队伍直到古街东侧的王爷庙才终止。除此之外，郪江古镇还有传统的民间川剧表演，丰富了古镇的表现行为空间。

但是空间的发展并非盲目的扩展和延伸，与城镇时空性息息相关。随着时代的进程，人们的生活方式与人际交往日益多元化，在城镇空间的演化中必然不断形成新的行为空间，表现及交往行为空间则会变得愈加丰富多样，以满足人们多种联系、交流以至展示行为的需求。由于行为空间的时空性，以及随着环境空间的不断演化与社会的变革，都会相应地出现空间的衰落和消失。如古码头空间的消失，也就导致了人的交往行为空间的发生变化或消失。将码头空间取而代之的现代的交通运输行为空间；还有古官道的消失导致相应行为空间的消失；古戏楼的消失，导致传统戏剧的表演形式与文化的传承问题等。

3.4.6 古镇逆向空间演化评析

1.古镇逆向空间格局现状

在郪江古镇历史环境空间的调查研究基础上，我们选择老街道和有价值的历史空间进行古镇的逆向空间演化分析，使其更具有代表性和历史的真实性。从郪江古镇总体格局看，古街为主要历史空间，基本保留有明清时期的建筑特征，保存较为完好。古街长 400 余米，两侧主要分布民居院落，主要公共活动空间有王爷庙、地主庙、古城墙和镇政府（原关帝庙和观音殿）分布其间。2011 至 2012 年，郪江古镇进行了新街区风貌改造和旧街区民居与寺庙戏楼的修复。

2.古镇逆向空间演化生长与消失

郪江古镇自古以来，环境景观空间演进大致经过了汉唐、清民时期、解放初期和现阶段几个具有代表性历史时期的变化。

（1）汉唐时期空间演化

汉唐及其以前时期，古镇的空间格局明显受到郪王城遗址的影响，郪王城遗址已被考古研究有所证实，古城主要位于现在古镇的西端山麓之下。北面紧靠天台山金钟

---

① 《说文·雨部》："雩，夏祭乐于赤帝以祈甘雨也"。

山脉，其山形俊美，绵延不绝，南邻郪江，并与江对面二狮子山隔江相望，古镇四周山形水势良好，拥有天然的环境优势。郪江沿线为古官道，是当时通往成都的主要交通要道，许多聚落沿此官道散布，与远山近水形成内外空间环境、边缘空间环境的交换，促进了逆向空间组合的初步形成。但是这一时期，由于生产力发展水平的限制，以及古郪王城池空间衰落逐渐东移，古镇空间还局限于较小的范围，因此此时的古镇空间形态对于逆向空间的多层次、持续性发展并无明显的迹象与组合。

（2）明清时期空间演化

经过汉唐时期空间形态的初步建造，古镇迎来了另一个转折演变时期——明清。这一阶段，盐井和铜矿资源促使生产力的发展，生活水平已经得到了大幅度的提高，郪王城旧址的影响力明显减弱，水运逐渐发展起来，古镇街巷也慢慢随着郪江和锦江形态而东展，街巷蜿蜒曲折，构成转向引导的内环境空间。与此同时，古镇文脉也随着的时间的流逝而积淀，尤其是在经济不断繁荣的发展过程中，外来文化的影响和交流，促进了对宗教文化和戏曲文化的传承与发展。这一时期，在古街北侧修复或新建了共七座寺庙、三个会馆，其中五个庙馆均建有五座古戏楼台，风格传统古朴，做工精细。它们各自围合成封闭与半封闭的院落空间，更有粗大浓郁的千年古树点缀其间，凸显出古镇的历史文化氛围。南侧主要为居住和商住混合建筑，人们在此进行商业、生活交流，极大地丰富了古镇内部空间环境。但这一时期，由于古镇规模依然很小，除了内外环境交换的边缘空间比较发育，内部空间的组合类型仍不丰富，停留空间、转折空间和引导空间的景观因素不够发育，影响了古镇的文化延续与景观风貌的快速发展。

明清时期之后的古镇空间发展，已逐渐不如人意。内与外的环境空间，受到较大的破坏。码头、官道，古桥、书院、山寺等边缘空间与点空间的景观交换基本消失；内部空间仅仅保留下古镇主要街道的转向引导空间以及两三处停留空间（原有七处）存在。2012年，随着古镇空间的向北发展，在仿古新街区修成后，继承生长了有效的逆向空间组合，形成了向北的云台山山峦对景的收敛空间和入口广场停留空间。

在古镇今后的开发与发展中，需注意遵循空间发展演化的组合规律，合理地组织空间与开发空间，修复边缘空间与点空间，从而恢复内外环境的交换空间，重新让古镇的景观空间作为古镇旅游观光开发的重要因素。

3.5 青羊村新村聚居点逆向空间规划设计

青羊村位于川西北绵阳市北郊的丘陵地区，属一处自然村落。村落四面环山，江水东环绕，十分符合中国传统山水格局。但村落贫穷落后，建设过程中未得到良好的规划指导，内部建筑多为村民自建房，建筑布局分散且缺乏特色。场地内对外景观的空间视线不畅，景观交换受阻严重，致使场地周边景观资源未能充分发挥景观辐射作用。我们认为该村落适合按照自然山水空间景观的理念进行规划设计，采用逆向空间的原理方法，在现有用地的范围内，打造一个重视内外环境景观交换，重视村落内空间曲径通幽环境塑造，重视院落空间转换围合的自然式村落聚居点。

3.5.1 基地综合概况

（1）区位与地形地貌

规划地块位于川西北绵阳市郊的丘陵地区，距离市中心 11.2 公里，基地西部为一别墅区，北部为建设使用的农用地，东部为居住小区，南部为低矮丘陵，规划面积为 14.03 公顷。村民建筑主要分布于东部和南部。场地周围由两条主要交通道路包围，交通较为便捷（图 3-57）。

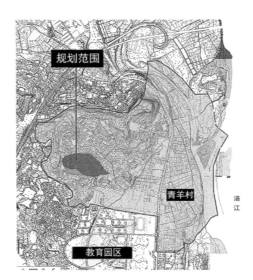

图3-57 青羊村聚居点现状图

基地以低山丘陵为主，地表覆盖物主要为森林和农田，种有少量桃树景观带。基地海拔为 464~556 米之间，最大高差为 92 米，中部平坦，四周较陡，台地后退有序，梯田景观效果良好，整体地势西南方向高，东北方向低，西南部视野条件优良。基地内部现有三处池塘，分布在由高到低的退台梯田中（图 3-58）。

（2）景观资源

基地具有台地村落特有的景观视线优势，每一级梯田之间有 2 至 3 米的高差，最高一级台地与道路之间高程达到 64 米，整个基地对外形成了退台式景观，基地周边拥有较丰富的景观资源，主要有花果山、别墅区、高校体育馆、涪江沿岸、后山、古树等（图 3-58）。

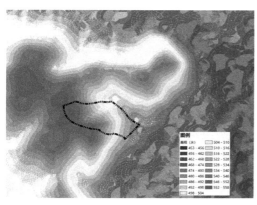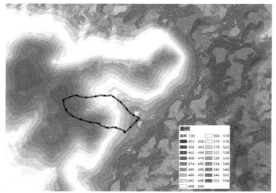

图3-58 聚居点高程坡向分析

（3）人口与经济活动

基地共 61 户，总人口 213 人，常住人口老龄化率较高。人口流失主要原因为基地自身吸引力不足，村民选择外出务工。基地内部建筑共 93 栋，多为居民住宅，大部分建筑为砖混结构，少部分为土木结构。

3.5.2 基地规划布局

传统的古村落，非常强调人与自然的和谐，遵循天人合一的理念。因此传统的村落空间给人以十分亲切的感受。古代的人们在建城建聚落的时候，除了考虑选址风水"则水而居，依山而建"，以满足基本的居住安全和生活需求，还要考虑所处自然环境中景色、景物的存在，以及这些自然本身存在的东西给人们的生活和居住带来的各种影响，甚至包括精神感受等。这就是我们进行逆向空间研究的主旨。为此，我们以逆向空间的原理对新村进行规划设计，旨在打造一个符合中国传统居住空间风格的新村住区。

根据逆向空间原理和设计模式，我们对空间设计进行指导。按照空间的设计程序与步骤，进行新村聚居点的规划设计：

1）首先根据地理位置，进行外部空间景观元素分析

基地外空间环境最主要分布三处景观景点（图 3-60）：一是"花果山"，位于北侧，是当地种植果树的一座小山峦，植物丰满密集，每逢春天时节，站在村口道路上向北山望去，粉白相间的梨树桃盛开，景色十分优美；加之山形体蜿蜒绵长，从西侧一直延伸至涪江水口处，形成较长的视觉通道和绿色廊道。整个山体果树的种植分层种植，不同果树的树叶颜色各有不同，形成特有的层次感（图 3-59 中右）。二是涪江沿岸远景。虽然距离涪江较远，但在规划地段内仍然可以窥见涪江的部分景色；涪江水以及江对岸东山起伏的线条，在日出东方的早晨，会给基地区域带来极佳的晨景效果；从空间上的影响来说，属于边缘交换空间的一部分，存在一定水平范围的景观交换

由基地可视西山兰亭生态园（左）和河岸阶地（右）

由基地眺望南山顶别墅群（左）眺望北桃李花果山（右）

由基地眺望涪江

图3-59 聚居点外围现状景观资源

（图3-59下）。三是南山、西山生态园与建筑群。南山顶为已建成的别墅区，虽然属于人造建筑景观，但地处植物掩映中的建筑却具有其特殊的景观特色；西山为近期开发的兰草生态园（图3-59中左）；因为建筑所在的地点为规划区南部较高地方，反而创造了逆向空间的视点交换，形成内外空间的交流。

2）确定主要进出通道，进行空间总体布局

（1）总体布局

规划区域内存在两条交叉的3米村道，路面硬化良好，再加之道路交叉口处宽阔，视野开阔，道路向远处山体延伸，原村房错落有致地分布在道路两旁，有典型的乡村美景。位于规划区域边缘的道路属于现阶段通往外界的唯一必经道路，属于边缘交换

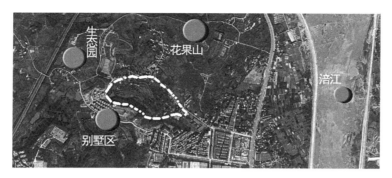
图3-60　主要外环境景观元素分布

空间具有一定的水平视域景观范围，与外环境空间进行景观交换。出入口确定后，依据山势，同时保证规划区能与外界经行良好的交流，在最平缓以及能够观赏涪江带状景观廊线的位置确定一条主要的内部交通主干线，保证车辆的出入，同时占用最少的土地资源，也达到了较近的与城市衔接的作用，方便规划区域内居民的生活以及外界的联系交流作用（图 3-60）。

根据基地的自然地貌特征，同时结合基地外环境空间与内环境空间的需求，基地总体规划采用"南高北低、西起东伏、就景观、布功能"的空间规划构思，利用基地原始地形地貌，采用退台式规划设计。村庄每级梯田高差约为 2~3 米，不同高度的梯田台基使聚居点中民居建筑具有独特的参差错落感，在空间上表现为村庄具有极大的空间自由感，建筑与建筑之间不存在严格的遮挡与被遮挡关系，公共空间的景观视线通廊得到了最大限度的保留。不论是村庄的内生活空间还是内环境空间，都能不受建筑高度影响，与外环境空间之间进行充分的景观交换，具有极佳的内外空间景观交换条件。

（2）建筑和道路

村庄出入口确定后，为保证村庄内部能与外界进行良好的交流，我们在村庄内部寻求平缓且能观赏涪江带状景观廊线和体育馆的位置，并确定一条主要的内部交通主路，保证车辆在村庄内部的通行，同时利用最少的土地资源，完成基地与外部城市道路的衔接任务。主路在村落内部向外生长，将景观视线引导方向作为道路生长方向，不断在村庄内部形成环形道路网，同时不断丰富村落内环境空间（图 3-61）。

基地原本具有阶梯式特点，阶梯式的场地也为内部带来了良好的景观条件。在规划设计的同时，尊重和利用这样的条件，建筑依山就势依据地形和景观需求进行安排和布点。现状内部的两个水池是非流动性的，所处于地块的不同地形高度，为让活水带来美好的景观感受和环境需求，我们设计将不同等级的水系连接，同时开挖不同的水池在不同的地形层面，让水之间产生良好的循环。这样产生的小环境不仅能够给居住区域带来良好的气候环境，还能够收集雨水灌溉农田。为此，我们对基地原有的村

图3-61 村落聚居点道路空间格局

庄肌理进行了梳理和分析，并对有序的村庄肌理进行保护和修复，将中国传统园林设计中的小桥流水元素融入聚居点规划设计，在村落中创造出优美的内环境，同时建筑布置以院落围合为主，并做好院落空间与内环境道路间的连接，通过转换空间的起承转合，营造出不同程度的半私密空间与私密空间（图3-62）。

图3-62 村落聚居点总平面图

为适应自然的条件，尽可能最少破坏现有环境，因地就势，合理布置公共设施和院落空间，使得每个单元的空间都能享受规划区内的空间，或借由外界空间创造一个空间传统化，功能现代化，环境生态化的居住空间。

3.5.3 聚居点逆向空间组合序列设计分析

1. 聚居点外环境空间分析

逆向空间理论指导下的新村聚居点规划具有村落逆向空间序列和空间网络间架层

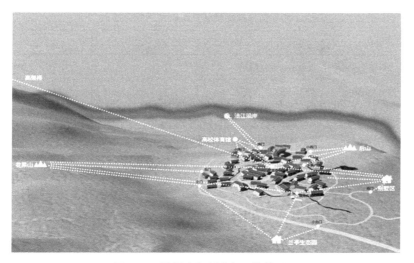

图3-63　聚居点规划空间环境格局图

次（表 3-3），我们在规划设计中优先考虑基地外部景观环境空间的展示和利用，不同于以功能布局优先为导向的传统新村规划，在村庄外向交换空间格局确定后，再对村庄的朝向和布局进行设计，此时基地的主要出入口（村口）便会顺应村庄外部的景观空间进行借景、对景（图 3-63）。基地在依赖自然景观的过程中，造景手法的复合运用和内环空间环境的综合分析，将确定整个村庄的外环境空间，由外环境再最终决定基地主要出入口的位置和空间交换的主要景观，充分展现逆向空间序列的生长过程（图 3-64，表 3-3）。

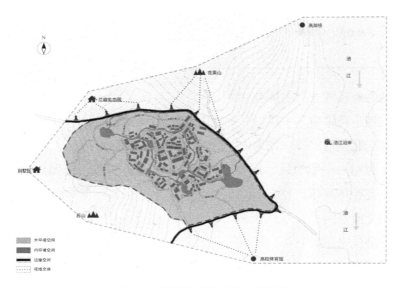

图3-64　聚居点边缘交换空间分析

青羊新村规划聚居点逆向空间组合序列 表 3–3

逆向空间组合		青羊新村聚居点	空间形式表现
外环境空间	外向交换空间	花果山、涪江沿岸	—
	内向交换空间	入口、后山	—
	边缘交换空间	边缘道路、边缘水体	—
	点交换空间	高校体育馆、古树、高架桥、兰庭生态园、别墅区	—
内环境空间	阻碍转折空间	西街三巷—北街二巷交叉口、西街一巷L形路口、东街二巷—南街一巷交叉口等、东街二巷L形路口	
	转向引导空间	主街、北街二巷、东街二巷等	
	收敛引导空间	北街二巷、西街一巷等	
内环境空间	阻滞停留空间	居委会广场、健身广场、休闲广场、组团广场等	
内生活空间	转换连接空间	入户路与主要街巷	
	院落空间	村落各个院落空间	

目前基地的外环境空间主要有：

内、外交换：花果山——村口——后山、村口——花果山、村口——后山；

边缘交换：北侧道路——花果山、沿路水渠——花果山；

点交换：村口——别墅区、居委会广场——高校体育馆、组团广场——高架桥、水景广场——高校体育馆。

（1）外向交换空间

花果山、涪江水岸。

花果山是基地北侧的小山峦，植物丰满密集，由基地向北山口望去，景色优美，四季如画，与基地形成绝佳的对景。花果山良好的景观辐射，构成了基地外环境空间中的外向交换空间，为内外环境空间的交换创造了条件。

涪江距离规划区1.5公里，距离较远，但在日出时分，会因为逆光效果，基地东部涪江桥和蜿蜒涪江在日光的作用下形成美丽的跨江大桥轮廓光景观，同时初升太阳也将为整个涪江沿岸的天际轮廓线带来奇妙的城市轮廓光。涪江沿岸为基地带来景观辐射，成为基地的外环境空间。

（2）内向交换空间

村口、后山。

村口作为一个村庄重要的外部形象空间，不仅将外环境空间中的景观引入村庄内部，同时对外也是重要的景观门户。站在北门向外望去，可见不远的翠绿屏障中有袅袅炊烟升起。

村庄南部为低矮的后山，高出村庄台地最高处约5米。后山与花果山互为对景，在基地内部形成坐山，阻挡南方疾风对村庄的袭扰。由村口向内望，小山体成为村庄梯田退台景观的背景，后山使村庄富有立体层次感，同时搭配村庄内的流水、古树、梯田、房屋等景观元素，又增加了基地的内环境活力与美感。

（3）边缘交换空间

边缘水体、边缘道路。

边缘道路南侧为沿街建筑和边缘水体景观，道路北侧为花果山，内外环境空间的有机交换得益于边缘道路，道路是两者进行景观空间互换的重要联系纽带。根据基地原始的地形地貌，在逆向空间理论指导下设计出的退台式景观，以及村庄建筑外立面多变的特性，构成了基地竖直方向上多重边缘空间的相互结合，村庄内部退台上的风光各异，使人们在边缘道路上真正实现步移景异（图3-64）。

在中国传统堪舆环境的选择上，各家均强调藏风得水聚气，其中又以得水为上，藏风次之。山环水绕是传统山水观念中最有利于藏风聚气的空间环境，基地背面以山为靠，前面有连绵向东的花果山，西侧地势微微突起高于东侧，形成青龙压白虎之态势，就藏风聚气的山水格局而言，只差明堂有水门前绕。基地边缘道路旁本拥有自然水渠，但村庄内部的水源被人为破坏，村民截水断流，导致村庄前的水渠干涸，明堂有水不复存在。基地内部目前有的三座池塘被作为村庄内部景观资源加以使用，但村庄边缘除通行必需的道路外，并无其他边缘交换空间，根据藏风聚气的山水要求以及丰富边缘交换空间的必然需求，我们通过保护水渠上游水源即村庄内部池塘的手段，恢复基地曾经拥有的村前水渠，再现明堂有水。同时对现状水渠进行景观美化，在护坡上继续添加民居瓦片以作装饰，同时水渠底部放入鹅卵石，作为生态透水性铺地。边缘水体具有一定的水平视域景观范围，自身成为景观空间的同时也与其他外环境空间进行景观交换。

（4）点交换空间

体育馆、别墅区。

别墅区位于基地西南侧，虽属人工建筑景观，但在茂密植物掩映中的建筑却具有特殊的景观特色。别墅建区的建筑属于欧式风格，红顶黄墙搭配村庄内部遮掩的绿色植物，使得欧式别墅区建筑具有强烈视觉冲击力。规划区西南部地势较高，其中别墅区是村庄内部的点交换空间，在视线上形成与内环境空间的景观交流（图3-65）。

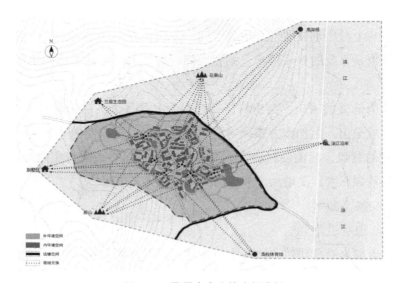

图3-65　聚居点点交换空间分析

基地东侧为当地高校，站于基地制高点，向东远眺，远处的体育馆立于眼帘。体育馆的形态酷似鸟巢，部分建筑结构暴露在外，形成体育馆独特的建筑外观，同时成为周边环境中具有典型景观影响的地标性建筑。

2. 聚居点内环境空间分析

在顺应自然景观，运用对景、借景等造景手法确定基地外环境空间后，根据逆向空间的空间生长序列，我们对内部的内环境空间进行规划设计。在第一层次空间——外环境空间的影响下，我们根据自然景观的分布位置及特点，在基地内部生长出符合村落退台式地形要求的村中小巷，基地中由此生出的街巷空间除顺应地形对道路设计的要求外，更多地将满足人们对村庄内部公共活动空间的需求，同时这些不规则的街巷空间不仅与外环境空间紧密相连，也组成了基地的内环境空间，至此，基地外部的自然景观由外环境空间成功传递到内环境空间。在内环境空间中，我们再通过阻碍转折空间、转向引导空间、收敛引导空间以及阻滞停留空间等具体的空间组合形式完成内环境空间对自然景观、景观视线的引导任务和对基地内部道路交通、活动集散等功能的布置任务（图3-66）。

图3-66　聚居点内环境空间分析

（1）阻碍转折空间

基地内部为引导不同层次的景观空间或规避不利的景观空间，内部道路设计为T形或L形转折线形，结合障景、隔景的造景手法，引导人群视线，并连接主要公共活动空间，起到引人入胜的效果。基地内阻碍转折空间主要存在于：西街三巷—北街二巷交叉口、西街一巷L形路口、东街二巷—南街一巷交叉口等、东街二巷L形路口等（图3-67）。

（2）转向引导空间

基地坡度较大，我们将道路设计为弯折环路，引导视线进入不同的层次空间，从而形成具有代表性的转向引导空间。目前基地内转型引导空间主要存在于主街北入口、北街二巷、东街二巷等（图3-68）。

（3）收敛引导空间

为顺应地形变化，回避不佳景观，基地内部的川西民居建筑屋檐轮廓线具有直线收敛功能，引导收敛空间与其他层次空间相融合。目前基地内转型引导空间主要存在于北街二巷、西街一巷等（图3-69）。

图3-67　阻碍转折空间效果图

图3-68　转向引导空间效果图

135

图3-69　收敛引导空间效果图　　　　　图3-70　阻滞停留空间效果图

（4）阻滞停留空间

基地内的广场、纳凉地、院落等公共活动空间，为人们提供驻足交流的场所，在景观效果上，水景广场、观景广场等组织停留空间可与外环境景观要素进行视觉交换，形成视线通廊，极大增强了基地内部活力生机（图3-70）。

3. 聚居点内生活空间分析

我们认为基地内部负责组织空间、引导景观以及连接功能分区的内环境空间确定后，按照逆向空间生长序列，此时需要对基地内部的内生活空间进行规划设计。内环境空间确定了基地内部道路系统的骨架结构和各个功能分区的位置，进一步丰富村庄内部层次空间内容，是未来村民解决居住问题的私密生活空间。我们设计转换连接空间使其成为连接主道路和院落空间的通道，在设计院落空间时，根据基地内部水体景观的分布，对院落空间开口、建筑朝向进行规划设计，满足居民私密生活和获取观景空间的要求，同时逆向空间序列的三层次也逐渐丰富，自然景观与人文空间也得以和谐共存（图3-71~图3-73）。

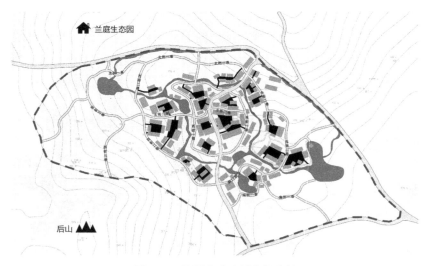

图3-71　聚居点内生活空间分析

图3-72 转换连接空间效果图

图3-73 院落空间效果图

3.6 民扬村落逆向空间调整规划

逆向空间首先是依附于外部环境景观空间，来限定和影响内部景观空间构成，从而形成城镇内外景观空间延续和谐的组合与序列的空间形式。它具有一种中国传统景观意识下的城镇空间的有序组合特征，强调天、地、人、情和谐交融，无疑与中国数千年城池、村落选址文化有着必然联系。

因此，在当今现代小城镇、村庄规划中充分运用逆向空间设计原理对其进行合理的规划和景观塑造，对打造村镇特色风貌将起着重要的作用。下面以民扬村灾后重建规划的调整规划为例，在村庄规划的中心布局中运用逆向空间方法对中心区的空间构成进行构建，充分结合地形地貌和自然景观环境特征来规划设计村庄的布局和空间形态，构建天地人和谐的村镇景观风貌。

3.6.1 民扬村概述

民扬村位于四川省绵阳市，区域内地貌以浅丘地带为主，水资源较为缺乏，有一条麻柳小河从村庄以北流过。该村庄新规划是在5.12汶川大地震后的灾后重建进行的规划。

民扬村的居民点位于村域内丘陵山地新庙子，南侧山地有清代寺庙一座（南崖庙），可结合发展乡村旅游经济。新建公共服务设施主要集中布置在此村中心的居民点，拟在社区内新建医疗点、文化室、商店、公共绿地、小游园、健身广场等服务设施。同时按照上一级总体规划要求新建卫生站、文化站、信用社、邮政电信代办点等，为周边2~3个行政村和分散的农村居民点提供文化娱乐等服务。此地现状已有相对成规模的连片住宅区，汇集了村委会、卫生站、水塔等设施。该处地质条件较好，交通便捷，有一定的现状基础。到达生产区域的路程适中，村民也有在此集中居住的愿望，并可结合南崖庙同步建设。综合以上因素，该处成为社区选址的最佳地点。

3.6.2 民扬村规划调整思路

民扬村灾后重建的建设规划，制作于 2009 年 5 月（图 3-74），在重新审阅规划设计方案时，我们又进行了补充调查。调查中发现，原来的规划设计在考虑地形及地理环境，以及地域文化民俗等方面比较欠缺。村庄空间布局没能很好地考虑和利用山水环境要素，在景观资源的利用上缺乏对外环境的景观层次和可视性，没有充分利用自然返山水元素来重返田园风景以及山清水秀、小桥流水的川西北民居风光。

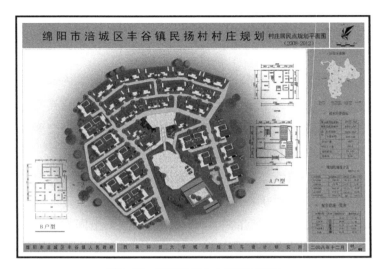

图3-74 原民扬村中心规划平面图

通过调查了解，位于该地丘陵山坡顶上，拥有明代修建清代复建的佛教寺庙一座，称为南崖庙。庙宇位于村中心北侧制高点，大殿坐南朝北。当登山而守望，可见四周山丘起伏，郁郁葱葱。细观地形环境，四个方向有五条丘陵山脊归其一处，在风水格局上名曰"五龙归位"，在当地民俗中颇有民望，其山地景观效果极佳（图 3-75）。

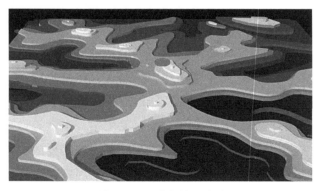

图3-75 五龙归位之地形

然而，在上一轮规划设计中，仅仅将其作为一个公共建筑和活动场所，根本没有考虑该文物景观的居高位置以及庙宇四周通透视线的利用。特别是村庄街巷的空间布局，更是随心所欲，也没有更合理地结合优越的地理环境对其"五龙"地形地貌所形成的山丘和山谷田野风光进行对应。为此，为了充分利用地形地貌景观环境，我们按照逆向空间设计原理以及组合序列特性，重新对其外部空间、内部空间和生活空间进行了较为详细的布局与设计（图3–76）。

3.6.3 民扬村逆向空间布局

首先，将村居民点边界作为村内外的主要交换空间；其次将村中的干道、社区服务设施和寺庙及其广场，以及连接各个村民生活空间的巷道作为第二层次的空间；第三，将村民的生活空间作为第三层次。这样在整体上符合逆向空间的要求，进而我们可以更深一步地分析本村逆向空间构成的特点（图3–76）。

第一层次空间：本村与外部的交换空间，主要有两种形式，其一是以边缘形式分布的外部交换空间，即居民点的边界。此空间是居民点同外部交换各方面信息的场所，如农业景观、远处的自然景观等视觉信息，水、电等人工物质信息，以及新鲜的空气等自然物质信息；其二是以点状分布在居民点出入口处，这是形成内外信息交换的最重要最直接的形式，是居民点内景观同居民点外景观的主要交流区域。

第二层次空间：本村的第二层次空间分为三个小部分，首先是居民点内的干道，即主要交通空间，它是连接外、内生活空间的纽带，是人流量最大、最集中的线形空间，起到对人流的控制作用；第二部分就是本层次最主要的内部空间，即村内部公共服务设施和寺庙空间，属于集会、集市、休闲、庙会、纳凉等公共活动与交往空间，为阻滞停留空间。同时，山顶寺庙四周设有环形观景视线；第三部分是穿插在第三层次即居民生活空间中的巷道，采用T形和L形道路空间障景阻隔，其导景或对景作用，引人入境，连接街市、广场等公共空间，是干道所伸出的枝杈，尺度的变化控制着景观的不同和人流的大小。而且这些干道都是景观视廊和视线，与外面的"五龙"山丘对景借景。同时，中间还形成对景中轴线。

第三层次空间：此空间是本村中居民生活的空间，相对于第一第二层次它最为隐蔽。庭院的设置，和部分生活空间内部的巷道组成了街坊式的空间，即院落空间。每家每户都有自己的庭院，而部分的巷道分割使这种独门独户或四合院的形式延伸到整个生活空间中，使此空间具有很强的亲切感（图3–77）。

在总体空间上，我们可以直观地看到这三个层次的空间，使村民在不同的空间有不同的尺度感，层次丰富，并在功能上很好地满足了村民的生活需要。

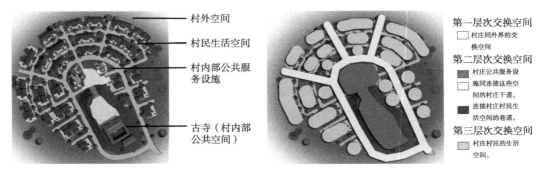

村外空间

村民生活空间

村内部公共服务设施

古寺（村内部公共空间）

第一层次交换空间
□ 村庄同外界的交换空间

第二层次交换空间
■ 村庄公共服务设施同连接这些空间的村庄干道
■ 连接村庄村民生活空间的巷道

第三层次交换空间
□ 村庄村民的生活空间

图3-76　村中心逆向空间规划　　　　　　　　图3-77　空间层次示意图

通过本次规划设计，将逆向空间设计方法的理念运用于现代小村镇的规划设计之中。通过前后方案对比，在空间布局上，调整后的设计将空间的内外交换通过丘陵沟谷增大视线廊道空间，同时对主要景观节点进行了交换联系。村庄内部空间联系紧密，曲中有变，转折关系明了，具有传统的古城镇空间特征（图3-78（1））。这样的规划设计实践，为今后的新农村规划提供了很好的规划设计参考（图3-78（2）规划图）。

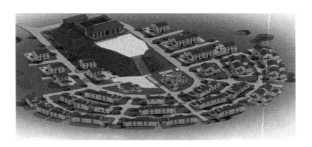

图3-78（1）　居民点逆向空间全景透视图

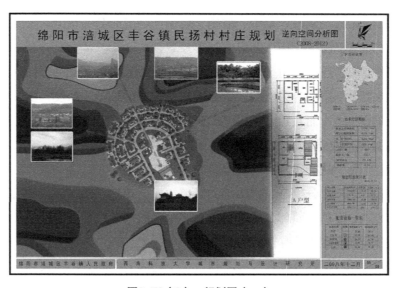

图3-78（2）　规划图（一）

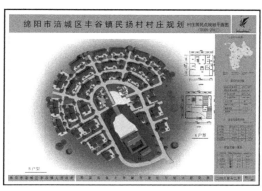

图3-78（2） 规划图（二）

3.7 雅典卫城逆向空间分析

3.7.1 雅典卫城概况

雅典卫城始建于公元前580年。最初，因其地势陡峭，卫城是用于防范外敌入侵的要塞，当有外敌入侵时，山下的平民也聚集到山上，山顶四周筑有围墙，就成为一座固若金汤的城池。卫城中最早的建筑是雅典娜神庙和其他宗教建筑，作为城邦国家繁荣昌盛、强大富足的象征，也是供奉雅典娜的宗教圣地，雅典城市因故得名。希腊波斯战争中，雅典曾被波斯军队攻占，公元前480年，卫城被敌人彻底破坏。希腊波斯战争后，雅典人花费了40年的时间重新修建卫城，用白色的大理石重建卫城的全部建筑。

卫城在雅典城中心一处较陡峭的山顶上，高差70米至80米，山顶较为平坦，东西长约280米，南北最宽处为130米，上面分布着大小神庙建筑，依山就势，高低错落，形成了卫城的空间。其中主要的建筑物是帕提农神庙，是卫城的主殿；卫城的入口处是宏伟的山门；南边是胜利神庙；帕提农神庙的北面是依利其特翁神庙。在建筑群的布局上，建筑顺势大体上沿周布局，既顾及能观赏到山下的全景，又照顾到在山上建筑物前的近景观赏。充分利用地形把建筑物最好的角度朝向人们。建筑群的安排不是规则布局，而是主次分明，突出了帕提农神庙在建筑群中的主体地位。帕提农神庙高耸山顶之上，它的体积最大、型制最庄严、装饰最华丽、风格最雄伟。其他的建筑物起陪衬的作用，构成了庙宇相连，丹辉碧映的建筑群。它又和周围的自然界谐调一致，体现了优雅的自然风格。帕提农神庙位于卫城的最高处，能俯瞰雅典全城，同时从城中的各方都能看到它[27]。

雅典卫城空间格局和构成，无论是外部环境还是内部空间，都具有潜在合理的美感，并在人与自然之间创造了一种审美和谐。其建筑布局并不同于中国古代的中轴线对称式的布局，而是一种完全不对称的近乎于散乱的自由式布局，但其内的建筑都布置于卫城边缘，尽量突出于山下，给予整个城市的人一种强烈的存在感和压迫感，突出其威严壮观的气势。雅典卫城面积不大，看似凌乱的布置，却依旧形成了有景可赏、无景则阻、步移景异、空间多变的游览、祭祀等行为空间。

3.7.2 逆向空间分析

1）外（环境）空间构成分析

逆向空间组合的外（环境）空间属第一层次空间，由外向交换空间、内向交换空间、边缘交换空间、点交换空间等一级空间构成（图3-79）。

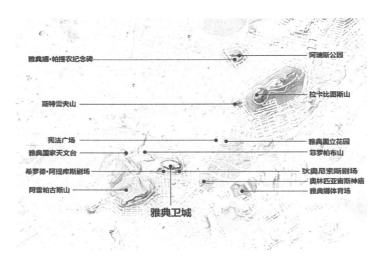

图3-79 雅典卫城外环境分析

（1）外向交换空间

外向交换空间，指设置的出入口及主要视线廊道的对外观景空间。外向交换空间采用对景和借景手法取得景观联系与渗透效果（图3-80）。

整个雅典卫城遗址位于今雅典城西南，建造在海拔150米的台地上，高地东面、南面和北面都是悬崖绝壁，拉卡比图斯山、阿雷帕古斯山、菲罗帕布山、斯特雷夫山与雅典卫城遥相呼应，构成了独特的自然风光。在雅典卫城的建设过程中，利用远山、金山的骨架作用，形成城市主要眺望点，视线廊道通透，景观又互为因借。不仅可以看到城市街道网络、建筑肌理，还可领略不可多得的雅典文化，整个城市美景尽收眼底。

（2）内向交换空间

内向交换空间，指设置的出入口及主要视线廊道由外对内的观景空间。

雅典作为宗教政治的中心地，在山门左侧有一堵8.6米高的石灰石基墙，墙的北面挂满了波斯战争的胜利品，在登上山门的台阶时，能很好地瞻仰到墙上的内容；墙头上屹立着胜利神的庙宇，能在登山中与胜利女神庙动态互动。它点明了卫城真正的

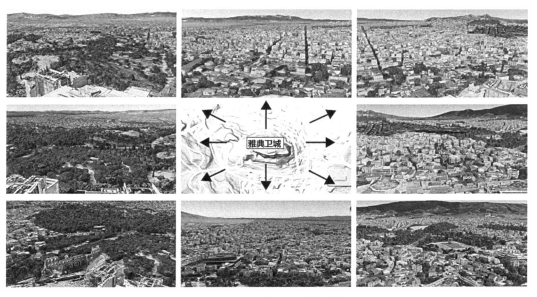

图3-80　雅典卫城外向交换空间分析
（资料来源：Google earth）

世俗主题。为了强化主体，胜利神庙特意突出于山顶的边缘之外，为它造了基墙（见图 3-81）。

登上山门，雅典娜雕像映入眼前。该空间向内生长，紧接内（环境）空间的转向引导、阻滞转折及收敛引导等空间（图 3-82）。

图3-81　雅典卫城山门复原图

图3-82　内向交换空间分析

（3）边缘交换空间

指在内空间的外围边缘呈线性分布的空间，由于雅典卫城建立在山地上，雅典卫城边缘墙体等环带状空间，与希罗德·阿提库斯剧院、狄奥尼索斯剧院具有一定的角度视域景观范围。边缘交换空间同时起到与内外（环境）空间进行景观互换的作用。

（4）点交换空间

雅典娜雕像、帕提农神庙等一些制高点与外环境空间中观景点和制高点如雅典国家天文台、雅典娜·帕提农纪念碑等之间形成景观交流的空间，即为点交换空间。

2）内空间（环境）构成分析

内（环境）空间的形成主要是利用内部景观的交换特性，配合外部环境对内的景观辐射进行建筑布置和功能分区，并注重内部景观的转换，从而形成丰富多变的景观空间，对雅典卫城而言主要是体现在其内部的建筑布局。

雅典卫城内的建筑布局看似散乱，实则却体现了古希腊建筑师们对于"景观视线"这一景观观赏要素的重视。例如雅典卫城的胜利神庙，在平面图中可以发现它的位置与山门并不平行，而是与之形成了一定的角度，这与中国古建筑的布局大相径庭。其这样布局便是因为考虑到了"最佳视线"这一问题：胜利神庙前是入口进入山门的阶梯，当步行到一定的高度，胜利神庙便映入眼帘，而因为存在这样一个角度，能够让观赏者在看到胜利神庙的同时也能看到神庙前的柱廊，一虚一实，给人以更好的观景体验（图3-83）。

图3-83　胜利神庙模型

而整个卫城的建筑主体——帕提农神庙更是建筑师们精心思考后做的设计，其选址和建筑的体量大小都是极为精妙的。作为卫城的主体建筑，却未被设置在几何构图中心，而是在卫城的南侧边线附近选址，靠近卫城边缘，给予山下极强的存在感于压迫感。并且其建筑的体量最为高大，在一众建筑中最为突出，主次分明。

就整个雅典卫城内部的建筑布局而言，所有的建筑布局都是一种非对称的分散式布局，但这样的布局却丝毫不影响其内部景观视线的通透。如图3-84，进入山门于A点，通过视线分析可以发现：在A点可以看到卡尔科特基大殿、帕提农神庙、万神庙、雅典娜雕像、厄瑞克西乌殿等（图3-85）。走过雅典娜雕像到达B点，通过视线分析可以发现：在B点可以看到帕提农神庙、万神庙、雅典娜祭坛、厄瑞克西乌殿（图3-86）。

内（环境）空间构成分析逆向空间组合的内（环境）空间属第二层次空间，由阻碍转折空间、转向引导空间、收敛引导空间、阻滞停留空间等次级空间构成。雅典卫城的内空间构成分析如下：

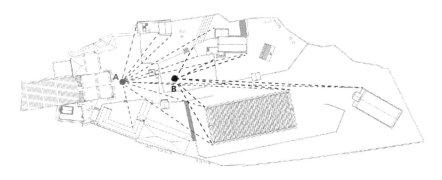

图3-84　雅典卫城视线分析图

（1）阻碍转折空间

指因空间导景需要或为了回避不利空间景观，因势利导，采用 T 和 L 形道路空间形成的障景。其作用是引人入境，连接主要的祭祀场地、广场、娱乐等公共空间。雅典卫城不同于中国古代的城池布局，其并未单独设置街道的位置，而是利用建筑与建筑之间的空间（或大或小、或宽或窄）自然形成道路空间。

图3-85　A点透视图　　　　　　　　　　图3-86　B点透视图

（2）转向引导空间

指因障景、隔景或山势地形需要，采用曲线转向引入的其他层次空间。卫城中希罗德·阿提库斯剧场外的街道及狄奥尼索斯剧场外的街道便都属此种空间，它们起到了避免街景单调，实现步移景异、引人入胜的效果。

（3）收敛引导空间

指因山势地形需要或为了回避、阻挡远处平淡景观，利用道路轮廓而形成的直线性延伸街巷空间。雅典卫城中的山门入口属于此种空间类型，此处因其山势地形的需要，利用台阶形成了直线延伸的步行空间，带给人以庄严肃穆的感觉。

（4）阻滞停留空间

指区域内集会、休闲、庙会、纳凉等公共活动与交往空间。雅典卫城中的前广场、雅典娜雕像、万神殿前广场均属于此类空间，它们能满足人们较长时间的停留、交往的需要。

3）内（生活）空间构成分析

逆向空间组合的内（生活）空间属第三层次空间，主要由转换连接空间、院落空间等三级空间构成，是指城内各种巷道分隔的街坊空间，具有很强的私密性。这一点在雅典卫城中并未着重体现，便不多做赘述。

3.7.3　雅典卫城逆向空间格局现状

在对雅典卫城历史环境空间调查的基础上，我们选择雅典卫城遗址周边及其他有价值的空间进行逆向空间演化分析，使其更具有代表性和历史的真实性。从雅典卫城总体格局来看，并没有沿着一条中轴线对称分布，而是采用了非对称的分散式的群体空间布局，呈现出一种自由灵活的布局特征。雅典卫城在二战被破坏后，并没有选择重建，而是像中国的圆明园一样，将其遗址保存了下来，虽只剩些断壁残垣，但依旧彰显着古希腊往日的辉煌以及古希腊人民超前的智慧。雅典卫城遗址对于现代的雅典城市建设而言，依旧是不可多得的重要景点，在雅典的任何地方都可以看到卫城，整个城市围绕雅典卫城。雅典娜天文台、雅典娜体育场、希罗德·阿提库斯剧场、狄奥尼索斯剧场、宪法广场等均与雅典卫城和古希腊文化相协调。

3.7.4　雅典卫城逆向空间生长与消失

演化雅典卫城逆向景观空间的演进大致经过了公元前 580 年、公元前 480 年、公元 338 年及之后四大阶段的变迁。最初，卫城是用于防范外敌入侵的要塞，山顶四周筑有围墙，古城遗址则在卫城山丘南侧，卫城中最早的建筑是雅典娜神庙和其他宗教建筑，这些建筑与城市形成了良好的内外交换空间。由于古城遗址位于卫城山丘南侧，说明最早的雅典娜神庙建筑和其他宗教建筑与山下的城市形成了良好的景观节点的交换空间。公元前 480 年，因在希腊波斯战争中使卫城遭受彻底破坏，继而在波斯战争后，雅典人又重建卫城，使雅典卫城达到了古希腊圣地建筑群、庙宇、柱式和雕刻的最高水平，同时也使得雅典卫城在空间上有了一个良好的景观效应；公元 338 年起，希腊又经历了一系列的战争，先后被马其顿、罗马人、拜占庭、土耳其等占领，后又遭奥斯曼帝国统治，二战期间又被德、意法西斯占领等，整个卫城及其空间环境也因此遭到很大的破坏，很多神殿、建筑等终成断壁残垣。

之后，随着雅典城市的不断建设和发展，城市环境又才逐渐形成具有相互交换关系的景观空间格局。如图 3-79 所示，成立于 1842 年的雅典国家天文台，位于雅典卫城的西北部，与雅典卫城形成了点与点的交换空间；城市街道肌理形成放射性轴线，如阿西纳斯街道与雅典卫城遥相呼应，保持了外向交换空间延伸的连续性；修建于公元前 6 世纪的狄奥尼索斯剧场和修建于 161 年的希罗德·阿提库斯剧场作为边缘交换空间至今仍延续着它们的功能；修建于 1838 的雅典国立花园、竣工于 1923 年的宪法广场英雄纪念碑、竣工于 2007 年的卫城博物馆等都与雅典卫城产生良好的逆向空间关系；对于雅典卫城本身，并没有由于岁月的破坏进行修复，而是保留着历史的痕迹作为遗址仍供人们参观、朝拜，不仅在物质上延续着逆向空间组合的联系，同时也在精神上延续着人们的信仰。

3.8　日本京都市产宁坂历史街区逆向空间分析

3.8.1　古京都景观视线分析

逆向空间理论的形成得益于中国传统山水观念，中国的城镇建设强调内外景观的延伸及其具有不同景观特征空间环境的组合，这种有序空间组合方式形成的基础就是城市景观视线的通透性。依照逆向空间原理，城镇建设过程中要保持内外景观的相互交换，促进天地人的和谐交融，这种强调人与自然和谐相处的逆向空间理论不仅体现在我国的传统城镇建设中，同时也在深受华夏文明影响的日本找到了印证。

奈良时代末期，桓武天皇将首都迁至平安京（今京都市），在日本"大化革新"的历史背景下，当时平安京的城市建设者们对盛唐长安城的规划布局进行研究，充分学习唐长安城功能布局的理念与景观打造的手法，并以唐长安城的棋盘格局作为建设模板，采用象天法地的规划方法与思想，在日本建造出一座极具有传统山水特征的历史文化都市。平安京的城市景观特征与唐长安相似，皆以寺塔作为点、道路作为线、功能区域作为面，并形成以寺塔高阁、轴向街道、区域空间等为主要景观要素的市坊制都市。在之后若干年的城市建设中，京都市充分考虑城市外环境中的山水格局，将清水寺、高台寺等寺塔高阁修建于东部的灵山、音羽山之上，在城市景观塑造上，对借景、对景等造景手法进行了充分使用，位于山体的寺塔不仅能获取良好的城市景观资源，同时对于城市内部而言，清水寺、高台寺等外部景观也与城市内部之间进行交换，这完全符合逆向空间的基本原理（图 3-87，图 3-88）。

图3-87　古代京都山水景观格局
（引自：（日）山崎正史，《京都都市意匠——传统景观》，1994）

图3-88 江户时期《舟木本》记载京都道路网与标志建筑
（引自：（日）山崎正史，《京都都市意匠——传统景观》，1994）

　　现代京都市是全日本景观政策最为严格的城市，为保护京都市内具有历史风貌的片区，京都市对城市内的建筑高度、建筑风貌等做出了严格限定。在2004年日本出台的《景观法》中，政策具体细化到了对城市中可供眺望和俯瞰的城市景观的保护，即强调对城市景观视线的重点保护。以京都市内东寺五重塔为例，平安时代日本迁都平安京时塔被修建，中途虽屡遭毁坏，但经过多次重修，东寺五重塔仍然屹立在东寺之中。作为日本最高五重塔的东寺五重塔，与周边寺塔相比，在景观眺望上具有不可比拟的视线通透优势。得益于京都市政府景观政策的颁布和对建筑高度的严格控制，目前东寺五重塔作为城中的点交换空间，能眺望大半个京都市，可与外环境中的清水寺、西大谷、三十三间堂、两条城等大部分景观产生交换（图3-89）。

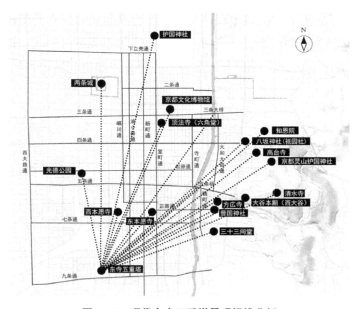

图3-89 现代东寺五重塔景观视线分析

京都市独特的棋盘式道路网络、轴线式的街道形式，在城市景观视线引导上发挥了巨大作用。规则的路网轴线具有强烈的景观指引性，它使得身处其中的人们视野在有意识或无意识中得以延伸，并带有一定的目的性，发现城市外环境空间中的各种交换景观，视线通往外环境中景观的同时，观察者所处位置也与景观之间形成对景的节点空间，从而使得整座城市的空间交换变得丰富且富有层次感。京都市中的正面通与油小路通、室町通与松原通、四条通与寺町通等形成的节点处便属于这样的内环境空间。京都市的外环境空间主要有稻荷山、大文字山、瓜生山、沢山，以及清水寺、三十三间堂、高台寺、知恩院等人文风光制高点或节点（图3-90）。

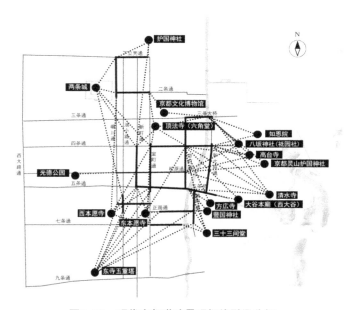

图3-90　现代京都道路景观视线引导分析

3.8.2　产宁坂（现清水片）概况

清水片区位于日本京都府京都市东山区，以清水寺而闻名于世。清水寺位于京都东部音羽山的山腰，始建于公元778年，是京都最古老的寺院，早于京都建都。1994年清水寺作为"古都京都文化遗产"之一被列入世界文化遗产名录。该片区拥有以清水寺为代表的众多历史名胜古迹，同时由产宁坂、二宁坂、清水坂等街巷组成京都市的历史保护街区，为日本京都市东山著名的观光地。在国家制度制定之前，为了保存活着的城市景观，京都市于1972年将圆山公园到产宁坂沿途的街道最初指定为"产宁坂地区"，制定了特别保护修景地区的街道保护制度。1976年根据日本文化财产保护法，产宁坂及其周边街道一起被列为第一批重要传统建筑群保护地区之一。

清水坂是清水寺正门口前的一条长长的坂道，它连接东大路通街道至清水寺的参道。

清水寺前的清水坂以及北侧的三年坂、二年坂，是三条历史保护街区。清水坂是清水寺仁王门前的街区空间，三年坂是连接清水坂与二年坂的街区空间。

自古以来，参拜清水寺有两条途径，一条从松原通（原五条通）渡过鸭川上清水道；另一条是从八坂神社的南门到法观寺五重塔（八坂之塔），从产宁坂上到清水道。在日本江户时代的初期（17世纪初）的地图上也描绘了这个参拜路线（图3-91）。后来又发展了从圆山公园开始，从高台寺以下经过两年坂通往产宁坂的路线。日本古代著名的热情浪漫女诗人与谢野晶子"穿越于清水祇园的樱花月夜，人人都美"的诗句或许就是吟诵这段街巷的某一处吧！？[12]（P85）

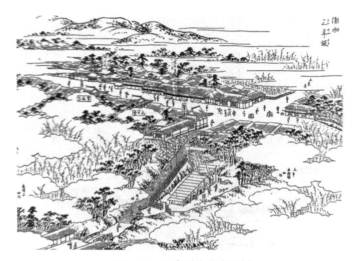

图3-91　江户时代的产宁坂
（引自：（日）山崎正史，《京都都市意匠——传统景观》，1994）

产宁坂，又名三年坂，是一条山坡上的石板路，即清水寺的参道。兴建于公元808年，由于当时年号为大同3年，因此直接以年号为产宁。当时在清水寺入口的仁王门前，奉有一祈祝安产的"安子观音"；加上在日文读法中，"产宁"（平安生产）与"三年"发音接近，故人们将三年坂称为产宁坂。

产宁坂共有46级石阶，自江户时代起就在坂下町旁并排建起房舍，多为江户时期的町屋木造的低层二楼有窗的町家流行的古式房子。这里还因石阶陡峭有"若在此处跌倒，三年内会多不顺"的咒言，又传说若有卖葫芦的店，就可破除魔咒，一直到现在，产宁坂山脚下还有一家卖葫芦的"瓢箪屋/大井人形店"。现如今沿途商家多半贩卖清水烧、京都特产古风瓷品店以及古意盎然的饮食店和纪念品店。产宁版街区四周依然分布有八坂神社、圆山公园、高台寺、法观寺等历史文化遗迹。此外，产宁坂地带虽自江户时代中期便形成了街区，后又逐步扩展形成近现代重要的商业区和旅游胜地，但是主街巷与旁小巷的空间格局半个世纪以来却依然保持完好。

二宁坂，紧接产宁坂町北，也为小的砖石坡道。坊间传言二宁坂于日本大同 2 年（公元 807 年）建造完成，共有 17 级。产宁坂建造于大同 3 年（公元 808 年），将清水坂与二宁坂联结起来，一起形成通往祈求平安生产的子安塔（泰产寺）的参道。二宁坂街巷以多个转向引导空间，经高台寺（建于公元 17 世纪）阻滞停留空间，最后以收敛空间与远处的八坂神社（建公元 656 年）相连通；经过向南的阻碍转折空间连接法观寺和八坂塔（建于公元 7 世纪）停留空间。从空间结构整体上，清水片区的空间自公元 6 世纪建设初始，就一直在外环境的景观节点的对应和呼应控制下，慢慢形成和有效生长了街巷空间，直到现在都几乎保持不变（图 3-92）。

清水片区地块面积如图 3-93 所示，以清水寺、大西谷与八坂神庙三处历史节点地块为边界点，并沿音羽山西侧分布，该地块总面积约为 71.15 公顷。以清水坂、产宁坂、二宁坂三大主要街区为研究要点。其中产宁坂保存区的面积约为 8.2 公顷。

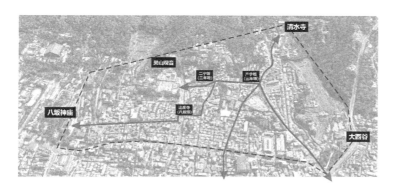

图3-92　产宁坂街区街巷空间形态与分布
（根据 Google earth 绘制）

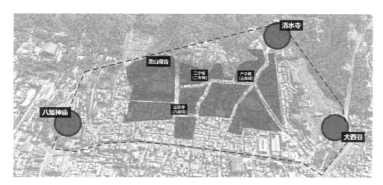

图3-93　清水片区地块示意图
（根据 Google earth 绘制）

3.8.3　产宁坂街区逆向空间分析

京都市内，最具典型逆向空间特征的片区当属位于清水寺下，由产宁坂、二年坂、清水坂等历史保护街区组成的产宁坂街区。产宁板位于日本京都市东山区，修建于808年，街道两旁建筑多为江户时期的町屋木造房子，自江户中期开始，产宁坂地段逐渐开始形成街区，近现代以来，因靠近东部音羽山中声名远扬的清水寺，亦成为京都市著名风景旅游胜地。产宁坂共有石阶46级，连接着二年坂和清水板，是前往清水寺景区的必经之路，其周围有成就寺、正法寺、灵山观音、高台寺、八坂神社、大谷本庙等历史文化庙宇或神社。

（1）产宁坂街区地段外环境空间构成分析

根据逆向空间组合原理，产宁坂街区的外环境构成主要包括位于产宁坂周围的灵山、音羽山等山体景观，清水寺、大谷本庙、八坂神社、高台寺等人文建筑景观等（图3-94）。外环境空间要素决定了产宁坂的外部空间特征，这对于区域内部建筑布局、道路走向、空间营造等方面起到举足轻重的作用。

外向交换空间——灵山、音羽山等山峦组成了产宁坂区域的外部绿色屏障，不仅为山体西侧的产宁坂阻挡了来自东方的风扰侵袭，同时成为了产宁坂区域的景观背景，决定了区域内主要出入口的方位朝向，决定着产宁坂内部空间的进一步生长。在借景与对景等造景手法的运用下，使得产宁坂街区地段出入口对准了外环境空间中的各种景观交换点或空间。

内向交换空间——沿松原通向清水寺行进的过程中，区域内部源自江户时期的町屋木造房子成为了内向交换空间，并不断向内生长，并最终与作为背景的山峦景观形成完美的整体，成为区域内部独特的景观标志。

点交换空间——产宁坂中的八板塔、西向寺、西光寺等内部制高点或开敞空间，

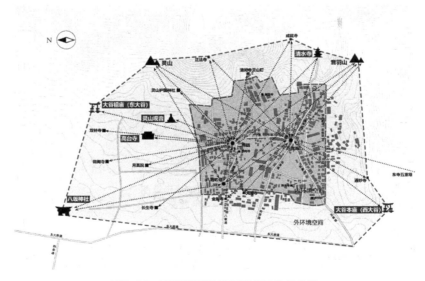

图3-94 产宁板街区外环境空间构成分析

与周边的清水寺、八坂神社、灵山观音等景观点之间进行视线交换（图3-95，图3-96），从而形成了具有代表性的点交换空间。同时景观视线交换的日益密集也增强了街区地段内部景观环境的连续性（图3-97~图3-99）。

图3-95　八坂塔眺望清水寺（产宁坂空间视线通透）
（引自：（日）山崎正史，《京都都市意匠——传统景观》，1994）

图3-96　八坂塔与清水寺点与点空间交换
（引自：（日）山崎正史，《京都都市意匠——传统景观》，1994）

图3-97　八坂塔与京都市区和西山空间交换
（引自：（日）山崎正史，《京都都市意匠——传统景观》，1994）

图3-98　清水寺与京都市区和西山空间交换
（引自：（日）山崎正史，《京都都市意匠——传统景观》，1994）

图3-99　正法寺与八坂塔、京都市区多向视线交换
（引自：（日）山崎正史，《京都都市意匠——传统景观》，1994）

边缘交换空间——

产宁坂地段南侧为清水新道，西侧为城市新道路，道路外侧就为现代城市空间，建筑多为现代建筑，建设风貌也不同于地段内部的历史街区风貌，边缘的城市道路成为划分内外景观的关键一刀。同时历史街区与现代街区之间所形成交换界面，也成为边缘交换空间影响外环境的重要通道。

（2）产宁坂街区内环境空间构成分析

作为历史保护街区的产宁坂地段，完整地将江户时代中的产宁坂传统街道格局空间保留至今，这其中又以街巷交叉路口、街巷转折引导、局部开敞空间等最具有逆向空间价值。这些具有线性流动功能的街道空间，通过与外连接内向交换空间、对内连接转换空间，为区域内部的功能组织提供认识和感知内外景观环境的空间支持（图3-100）。

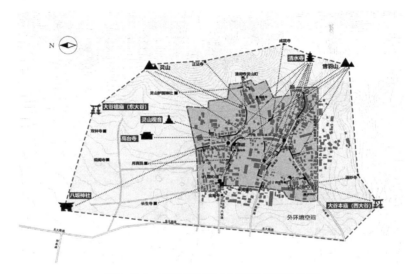

图3-100　产宁板街区内环境空间构成分析

阻碍转折空间——

因同层次空间的导景或回避不利景观空间的需要因势利导，采用T和L型道路空间障景阻隔，引人入境，连接主要的街市、广场、码头、娱乐等公共空间。在清水片区同样存在此类阻碍转折空间。

产宁坂地段，本属坡地，存在一定高低落差，且街区中保留着大量历史建筑景观，运用T型或者L型空间，巧妙地与转折引导空间进行衔接，并对景观加以引导，同时对人群进行分流，有目的性地将人去引入其他景观空间之中（图3-101）。

如图3-102所示，为了将躲避不利景观高差地形对片区街巷空间的影响，利用石步梯并搭配阻碍转折空间的组合利用，有效地克服了高差地形所带来的负面影响，还可以良好地利用高差地形景观空间的错落感配合景观小品构造独特的景观空间美观性。

图3-101 产宁坂地段的阻碍转折空间
（资料来源：Google earth 截图）

在产宁坂街区中，为了考虑到将历史建筑景观节点的保留，同样也加以 T 形线路空间的引入。如图 3-103 所示，不仅可以有效地起到保留作用，还可以将人群的视线进行聚集，使历史建筑景观的视点进行放大。在人流方面，用同等级的道路将人流分向其他两个功能区，加强了空间地引导性，减少了街巷空间的人流饱和度，更方便地进行功能区地转换。

图3-102 二宁坂地段的阻碍转折空间 　　　　图3-103 产宁坂地段的阻碍转折空间
（资料来源：Google earth 截图） 　　　　　　（资料来源：Google earth 截图）

转向引导空间——

前往清水寺的必经道路清水坂因为地形坡度过大，在空间变化中为满足地形地势以及景观引导的需要，清水坂形成了曲线型的转向引导空间，不仅避免直线型道路带来的景观疲惫感，同时保证清水寺与公共街巷空间之间的景观视线联系，形成行之有效的景观空间导向，并将景观视线进一步引入其他类型的景观空间之中（图 3-104）。

如图 3-105 为产宁坂地段中的转向引导空间。该片区为坡地，为了依东面较高地坡地，通往清水寺的街巷空间呈曲线形分布。不仅可以躲避山地的高差，还可以保证沿街的历史建筑不受到破坏。曲线的街巷空间可以避免直线形的景观视线，增加景观空间的序列变化，还可以减缓高差带来的道路坡度影响。街巷空间曲线半径适中，可保持清水寺历史建筑与街巷空间的视线联系，形成有效的景观空间导向性，良好地进行景观空间转换，同时也不会失去历史街巷空间的"趣味性"和美观。

图3-104　产宁坂街巷中的转向引导空间
（资料来源：Google earth 截图）

图3-105　产宁坂片区的转向引导空间
（资料来源：Google earth 截图）

在二宁坂平坦地段，选择转向引导空间的运用，利用导向型曲线街巷空间，保持远景与街巷空间的视线。其中不断利用障景、隔景等造景手法，巧妙地满足空间含蓄变化或山势地形需要，从一个景观空间引导人群进入其他的景观空间，不断增加景观空间与人的相对适应性（图3-106~图3-108）。

图3-106　二宁坂地段的转向引导空间
（资料来源：Google earth 截图）

图3-107　产宁坂的转向引导空间（一）
（引自：（日）山崎正史，《京都都市意匠——传统景观》，1994）

图3-108 产宁坂的转向引导空间（二）
（引自：（日）山崎正史，《京都都市意匠——传统景观》，1994）

阻滞停留空间——

八板塔附近构建有较多阻滞停留空间，靠近地标建筑的优势带来了极好的景观观赏效果，同时较大的开敞空间也为人们提供了驻足休息与集散的场地。同时在景观联系上，停留在八板塔前广场的人们还将被其他空间组合引导，前往大渐寺、金刚寺等其他寺塔高阁之中（图 3-109）。

在靠近八坂塔的位置，有四个方向的街巷空间将人群集会于此，同时也具有减小空间人流压力的功能，更佳地联系其他景观空间系统。依靠八坂塔的建筑高度，一直处于四周的街巷空间视线之中，所以可在停留空间进行各类公共文化活动，可承载较

图3-109 产宁坂街区中八坂塔地段的阻滞停留空间
（资料来源：Google earth 截图）

多人群的停留或吸引更多人们聚集。再配置植物景观与小品景观，增加整体景观的丰富性和美观性，营造更为适应人群的公共阻滞停留空间。

收敛引导空间——

是因山势地形需要或回避层次平淡景观，利用屋檐轮廓而采用的直线性街巷远处收敛于外环境的引导空间。产宁坂46级石阶地段为典型的收敛引导空间，在地形变化与建筑布局之间寻求解决方案，既发挥空间景观引导作用，同时也解决了建筑与地形的难以融合的问题（图3-110）。

图3-110　产宁坂的收敛引导空间
（资料来源：Google earth 截图）

二宁坂地段为下坡地形，运用街巷空间的收敛引导人群进入更小的街巷空间或链接其他空间，通常通向该地区人的内部生活空间或边缘空间。比如依靠历史建筑屋檐脊线方向收敛于外空间。如图3-111中，表现出明显的空间收敛引导特征，不仅良好利用了由高到低的地形优势和建筑屋檐轮廓走向，还保持了街巷空间与远处景观空间节点的视线联系。人群由高处向远处看时，视野开阔，同时形成了对景、夹景的空间造景效果。

二宁坂地段中还存在有很丰富的收敛引导空间，这种空间主要由中心向外空间，大多依靠方向的引导性。由片区中心人流较多的区域分流进四周的外部空间或者当地居民的个人生活空间。如图3-112中，同样利用了收敛空间进行引导，利用景墙的走向和景观绿植和景观小品加以布置引导，加强了空间的延续性和美观性。

日本历史街区的公共空间同中国古代城镇一样更加注重线性，历史城镇大多类似于清水片区，以街巷空间为主体，回避广场等大型开敞空间。江户时代的日本城镇空间发展无疑对日本现代城市空间格局产生巨大影响。

作为发达国家，日本在城市空间设计与生态环境方面，值得我们学习，京都作为日本古都的代表，注重历史城镇的风貌留存与人居环境特色设计。既汲取了东方自然

图3-111 二宁坂地段的收敛引导空间（向西） 　图3-112 二宁坂地段的收敛引导空间（向南）
（资料来源：Google earth 截图） 　　　　（资料来源：Google earth 截图）

山水格局的空间形态特征，依山就势，因地制宜，又在创造特色城镇方面走在了我们的前面。在城市管理方面，对古城现代建筑限高、建筑立面效果、街边广告牌与建筑外墙霓虹灯设置都有明确且合理的规范条例。而在我国的小城镇建设中由于缺乏城市设计的法律效应，对城市设计认识的有失偏颇，导致无论是在宏观、中观还是微观方面都使城市设计陷入一种抄袭的固性思维。

中国城镇化进程依旧处于加速阶段,历史街区的维护与改造仍旧是城市发展的"钉子户"。现如今城市规划与设计不再只局限于二维平面，而是在更加重视文化与社会、经济内涵的基础上，又在三维空间中重视景观形态的研究设计，注重小城镇的个性设计。日本京都清水片区从空间——形体研究到场所——文脉、生态设计研究，从一般的视觉规律分析到对社会历史、文化生态、人的活动的分析，将城市的空间设计引入了更深层次的内涵。与之相比，中国的特色小镇试点与美丽乡村振兴战略，在实践过程中，也应认真学习京都的经验，让中国小城镇的历史传承下去，使宝贵的物质空间与非物质空间共存，创造属于中国特色的新城镇。

结　语

　　在现代城镇空间设计中，更注重现代时空中人们居住、生活和工作空间的功能需要，然后再考虑景观元素的介入与设计。而逆向空间分析方法，更重视空间环境的融合运用，而且提倡城镇的空间设计要注重城市内外环境的融合与和谐一致，要建立在外环境存在的基础上，特别是一些历史文化城镇，街道形态都是以外环境为起点统筹安排景观视线和节点，然后设计内部的空间架构，注重空间视觉的转换和景观的利用。也就是说，先研究外围环境，根据环境来设计城镇，来布局城镇内部空间和功能。因此，以上两个方面都有满足各自需要的空间序列和空间系统，也反映了不同历史时期和不同背景条件下的空间设计特征。

　　我们将依赖自然环境来决定城镇空间生长形式和序列的设计理念称之为逆向空间生长模式。对于逆向空间生长序列，城镇空间布局设计是先尊重自然环境的格局，再以此影响和布局城镇内部格局。这样的小城镇，大多环境优美，有极佳的景观视线，道路和建筑尺寸的规划设计很符合人性和心理感觉，也可将逆向空间理解为一种"景观空间"；而现代城市道路网，主要是为了车和建筑等的存在而形成的空间网络，也可以将其理解为"功能空间"。在当今的现代化需要和迅速城市化过程中，特别是一些大中城市，也只能把功能的考虑和设计放在主要地位来设计城镇空间，以满足城市众多居民的生活需要。不过应该指出的是，一些所谓的古镇，随着经济浪潮的到来，片面地追求在一种所谓的"古空间环境"，在传统城镇设计中，只强调古建筑外表形式的和谐，而忽视文化历史蕴含；只强调道路和旅游经济，而忽视居住环境和人性，更不会注重外环境的格局（景观宏观控制），不注重传统小城镇形象整体造景，而是采取现代大城市功能空间设计思想，盲目照搬设计理念，特别是在古镇建设与改造修复中，不尊重原始空间环境，不重视逆向空间生长的设计方法，对历史城镇保护与建设是极为不利的。

　　因此，我们倡导在历史城镇的保护与建设改造中，应该注重环境对布局的影响，要符合一种更适合我国国情设计理念，做到内外环境的协调与融合，才能获得最佳的景观环境及其景观视线，树立历史的最佳的空间形象。这才是人性的空间与自然协调的空间。

　　逆向空间是古代人们的一种运用和识别空间的理念。他们对生存空间的认识，不是主要依附自己个体空间的创造和满足群居所有功能去创建空间，而是首先遵从和依顺外部环境和天地空间环境的态势，注重天地人和谐的大环境，并以此来确定内部行为活动，生存活动的空间轮廓，从而形成"小桥，流水，人家"的天地人和谐的景观空间环境。他们对空间的思维，是先抛开个体元素的需要，采用由外到内，由大到小，由面到线和点的逆向空间思维方式，以顺从大自然大景观大空间的平衡方法，追求外部空间大环境的架势来引导甚至控制内部小环境的点、线、面空间的组合，并以一定的顺序和规律去最终完成一个镇村内部的各种功能组织。其由外及里的空间环境引导方法，充分注重了外部适宜的山水格局景观与内部景观的呼应和协调，在利用这种呼应去构建环境景观与生活功能为一体的不同层次的各类空间。这种理念，使得内与外的景观空间环境完美地结合起来，通过不同的渐变、弯曲、转折等空间形式，显现出街道尺寸适宜，生活气息浓厚，人与自然和谐，景观构图优美的古镇空间的魅力。

通过研究分析众多的历史文化及传统古镇的环境空间布局，发现其均是先尊重和依赖自然环境的存在，并利用大环境和大景观元素来影响和布局城镇内部的空间构架的形成，如山水城镇即是如此。现在的许多传统城镇，毫无其形象整体造景，而是采取现代大城市功能空间设计思想，盲目照搬设计理念。特别是古镇建设与改造修复中，不尊重原始空间环境，不注意逆向空间生长与组合的设计手段，总是利用仿古建筑和宽马路来构建小城镇和传统古镇空间，最后再来牵强对应景观环境，补修景观元素，实不可取。

因此，我们认为，在传统古镇的建设改造中，必须注重环境对布局的影响，就是旧城改造，也要符合前人合理的一些设计理念，做到内外环境景观的协调。寻找和研究它们空间组合及序列上的最佳景观环境及其景观视线和节点，树立历史最佳的空间形象，这才是小城镇人性的空间和与自然协调的城镇空间。

主要参考文献

[1] 邓杨，袁犁.历史小城镇形象设计研究 [A].中国建筑学会学术年会论文集 [C].2007 196–202.

[2] 凯文·林奇著.城市意象 [M].方益萍，何晓军译.北京：华夏出版社.2001.

[3] 符高翔.少数民族小城镇规划识别研究——以四川羌民族小城镇为例 [D].西南科技大学，2007.

[4] 王晶，袁犁.小城镇失落景观空间初探 [J].山西建筑，2011（10）：4–6.

[5] 刘晓星.中国传统聚落形态的有机演进途径及其启示 [J].城市规划学刊，2007（3）：55–60.

[6] 肖竞，李和平，曹珂.历史城镇空间演进过程分析及其保护应用价值 [J].城市建筑，2017（33）.13–17.

[7] 陈海燕.历史文化名城开展度假旅游可行性研讨——以苏州古城为例（D）.2007.

[8] 阮仪三.历史文化名城的特点——类型及其风貌的保护 [J].同济大学学报（人文、社会科学版），1990（01）：55–65.

[9] 王鲁民，张建.中国传统"聚落"中的公共性聚会场所 [J].规划师，2000（2）：75–77.

[10] 万县志编纂委员会.《万县志》[M].成都：四川辞书出版社，1995.

[11] 张琴修，范泰衡纂.《万县志》（清同治五年刊本）[M].台湾：成文出版社，1976.

[12] M.Yamasaki. A tradition of urban design – scene formation of Kyoto[M].Process architecture company，1994.

[13] 邓杨.传统公共空间复合性的现代启示 [D].西南科技大学，2009.

[14] [意] 布鲁诺·塞维.建筑空间论 [M]，张似赞译.北京：建筑工业出版社，1985.

[15] 季铁男编.建筑现象学导论 [M]，台北：桂冠图书股份有限公司，1992.

[16] 袁犁、姚萍.历史文化城镇逆向空间序列特征研究及其意义 [Z]，2007 年第二届"21 世纪城市发展"国际会议，2007：342–346.

[17] 段进.城市空间发展论 [M].南京：江苏科学出版社，1999.

[18] 高友谦.中国建筑方位艺术 [M].北京：团结出版社，2004.

[19] （意）布鲁诺·塞维.建筑空间论 [M].张似赞译.北京：中国建筑工业出版社.

[20] 姚萍，袁犁，黄河.小城镇多维空间特征及其整合研究 [J].西南科技大学学报，2009（03）：45–49.

[21] 赖武.巴蜀古镇 [M].成都：四川人民出版社，2003.

[22] 四川大学.昭化古城保护规划（Z），2003.

[23] 姚萍，袁犁．历史古城镇逆向空间景观构成及其演化——四川黄龙溪古镇为例 [J]. 规划师，2010（10）：21–25.

[24] 袁犁，谭欣，许入丹，曾冬梅，昌千．历史万州环境空间图解 [M]. 北京：科学出版社，2018.

[25] 袁犁，姚萍．历史小城镇多维空间整合研究及其意义 [J]. 小城镇建设，2009（7）：70–75.

[26] 袁犁．文化与空间 [M]. 北京：原子能出版社，2014.

[27] 罗静兰．举世闻名的雅典卫城建筑群 [J]. 华中师范学院学报（哲学社会科学版），1983（1）：66–72.

后　记

自 2005 年起，我们开始了对历史城镇的环境空间研究，通过对部分古城镇的走访、调查，逐渐形成了对这些历史古城镇空间构架的认识。2007 年，我们在一次国际会议上正式提出了历史城镇空间的逆向构成原理和逆向空间的概念。我们认为，我国大多数历史城镇的环境景观，在城镇的内外空间中都存在着相互的依存和相互的对应关系。十多年来，我们不断对国内外许多历史城镇和历史街区的内外空间环境、空间关系及其景观构成等方面进行调查和认识，结合我国传统山水文化的城镇选址理念和古代造园方法，尝试从古城镇历史空间演化、空间组合模式、空间生长序列等多方面进行分析，从物质、行为和时间等三个维度层面开展综合研究，认识到了历史城镇在景观逆向空间上形成的序列特征和组合模式。

历史建筑固然应该受到保护，但它们在其历史时期的"生存"环境却不可分割和忽视。我们既要保护好古建筑，又要保护那些古建筑及其与之相依相存的空间环境。对它们的完整保护，才是对这些历史城镇文化内涵的完整表现和记录。曾经在日本的一段学习经历，给了我极深的印象和启发。日本对历史文化遗产保护非常重视，他们至今依然较好地保存着众多的历史文化遗产，这些古迹和古街区许多都定格在类似我国的唐宋时期。记得有一天，我被邀请到和我一起研究历史城镇景观的日本学者家中作客。他居家在京都市区的一幢公寓六楼，刚进门，他便迫不及待地将我领到起居室的落地门窗前，自豪地指向与我们正对景的远方——京都东山的三年坂和清水寺。他介绍说那是著名的世界文化遗产，围合京都市四周的山峦分布着很多的历史文化遗产，数百年来，京都市的景观视线一直都受到严格地保护，建筑高度也被严格地控制。

本著作的研究基础，主要来源于我们承担的 2006—2009 年四川省教育厅科研重点项目的科学研究——小城镇多维空间元素建构及其整合设计研究（项目编号 2006A104）。并通过以后十多年的后期工作，继续深化了研究内容，取得了初步的研究成果。在漫长的研究过程中，得到了许多同事、朋友以及与我们共同实践中的学生们的大力支持，在此表示深深的谢意。

本书中的插图除特别注明资料来源外，均为作者项目研究中所拍摄和分析制作，特此说明。

最后，感谢为本书的出版付出辛勤劳动的全体编辑人员。

作者

2019 年 10 月 9 日